拆开才能看到的科学

日本科丝摩比亚有限公司／著
顾欣荣／译

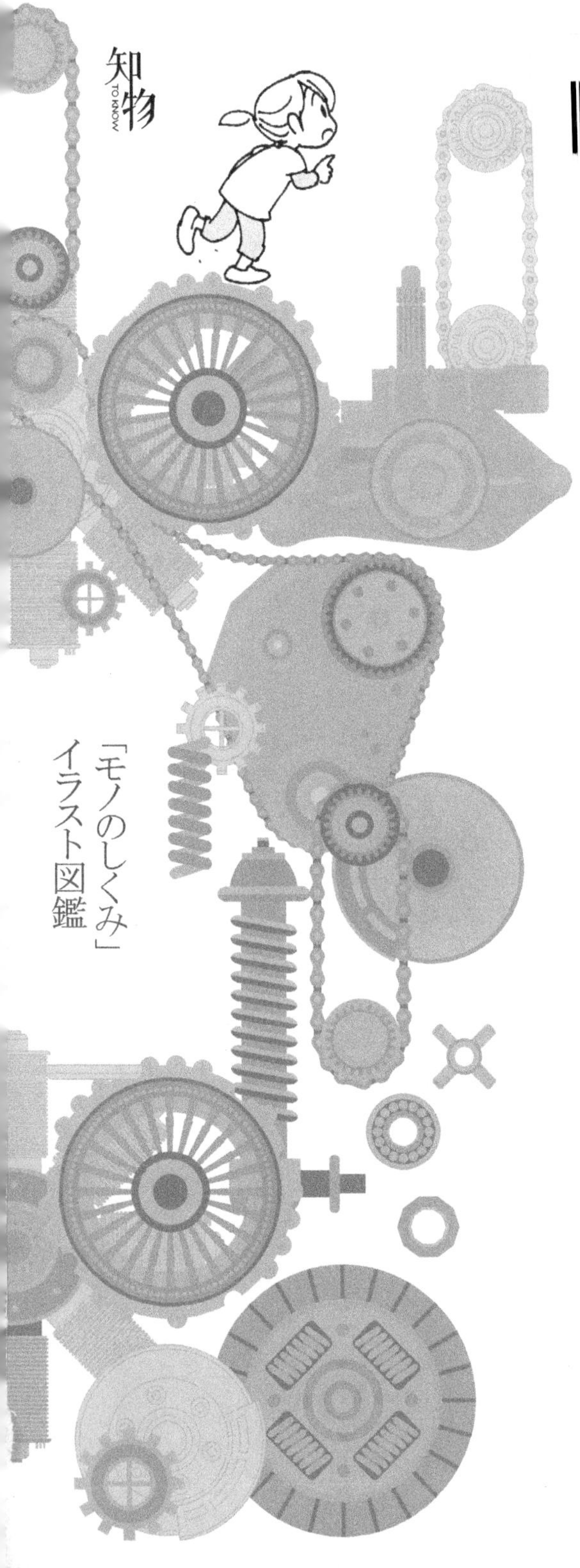

机械工业出版社
CHINA MACHINE PRESS

生活中，我们会接触各种各样的事物，有些我们一眼就能看出它们的结构，明白它们的工作原理；有些我们必须拆开看到内部，才能明白它们的工作原理。本书以漫画的形式，对身边常见的58种事物进行拆解，比如电梯、3D影像、智能手机、无人机等，以别具一格的方式介绍它们的内部结构以及工作原理。

本书不仅知识点丰富，拟人的漫画角色也十分有趣。全书内容两页介绍一种事物，直观清楚，十分适合青少年阅读及理解。打开本书，一起去探索拆开才能看到的科学吧！

图书在版编目（CIP）数据

拆开才能看到的科学 / 日本科丝摩比亚有限公司著；顾欣荣译. — 北京：机械工业出版社，2023.1（2025.2重印）
ISBN 978-7-111-72532-9

Ⅰ.①拆…　Ⅱ.①日…②顾…　Ⅲ.①自然科学—青少年读物　Ⅳ.①N49

中国国家版本馆CIP数据核字（2023）第010500号

机械工业出版社（北京市百万庄大街22号　邮政编码100037）
策划编辑：黄丽梅　　　　责任编辑：黄丽梅
责任校对：张昕妍　王明欣　　责任印制：单爱军
北京虎彩文化传播有限公司印刷

2025年2月第1版第4次印刷
148mm×210mm · 3.875印张 · 132千字
标准书号：ISBN 978-7-111-72532-9
定价：49.00元

电话服务
客服电话：010-88361066
　　　　　010-88379833
　　　　　010-68326294
封底无防伪标均为盗版

网络服务
机　工　官　网：www. cmpbook. com
机　工　官　博：weibo. com/cmp1952
金　　书　　网：www. golden-book. com
机工教育服务网：www. cmpedu. com

前言

我们身边有很多事物，有些事物已经成为我们生活中的一部分，以至于我们平时不会注意到它们存在的重要性，可一旦失去了却会给生活带来很多不便。

比如上学时大家都会用到的铅笔，它早在500多年前就在欧洲诞生了，直到日本江户时代（1603—1868年）开始传入日本，但普通老百姓开始使用是在明治时代（1868—1912年）之后。因为那时日本国内有了自己的铅笔工厂，于是就能以非常低廉的成本大量生产，才使铅笔这种便利的书写工具得以普及。

近年来随着小孩子的人数减少，使用铅笔的人也在不断减少，但即便如此，日本国内每年仍制造约2亿支铅笔，铅笔制造企业的人们为了能制造出更便于书写的铅笔，夜以继日不停地努力进行着各种尝试。一想到这点，如果一支铅笔只是用得稍微变短了就马上把它丢进垃圾桶里的话，是不是会觉得有些可惜呢？

本书以图解的形式，尽可能简单明了地向读者介绍许多生活中我们以为已经很熟悉了的事物。

书里有像铅笔这样一直以来广受欢迎的事物，也有如冰箱这种时时刻刻都在不断更新换代的事物，还有IC标签乃至无人机等在数年前人们想都没想到过的事物。

每一种事物都有它自己的诞生史。人们为了制造出更优质的事物投入了大量的精力。无论是想为遇到困难的人们提供方便，还是希望进一步加深人与人之间的联系，在这些事物中，都蕴含着制造者们许许多多的梦想和努力。

如果阅读本书能激发读者对这些事物的热情以及对制造者的感激之情，我会觉得非常开心。因为它们中的每一种都是用我们地球上不可或缺的自然资源生产创造出来的。

科丝摩比亚有限公司法定代表人　田子绿

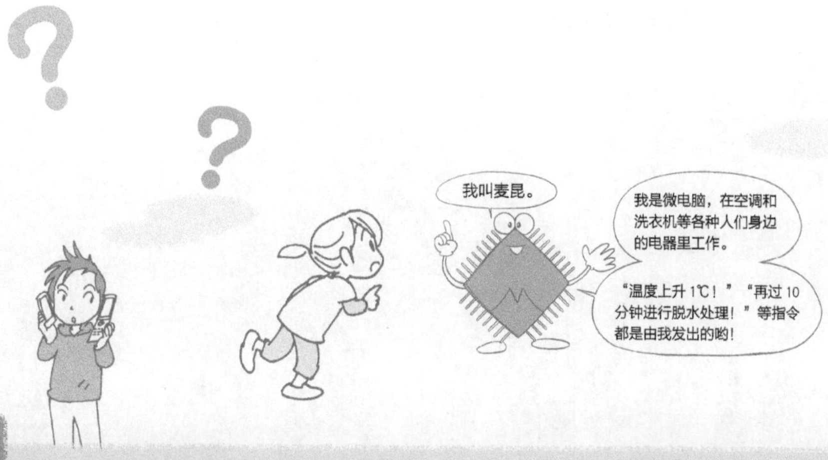
我叫麦昆。
我是微电脑，在空调和洗衣机等各种人们身边的电器里工作。
“温度上升1℃！”“再过10分钟进行脱水处理！”等指令都是由我发出的哟！

目录

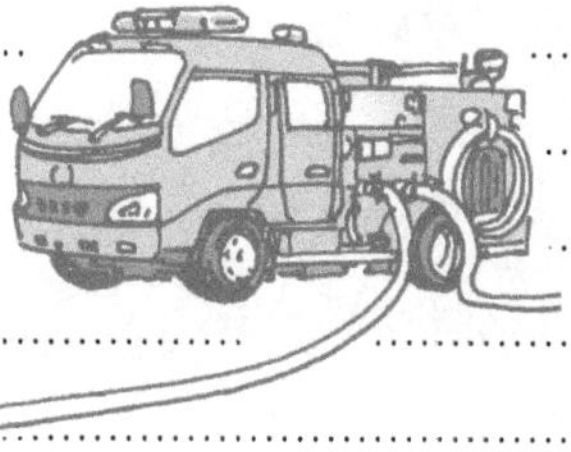

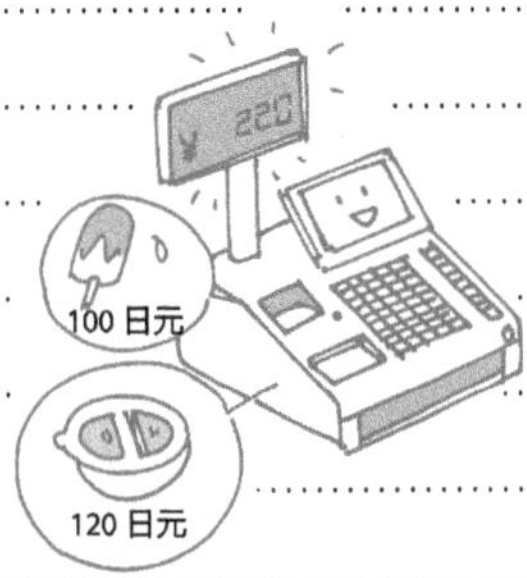
¥ 220
100 日元
120 日元

呀，嘿~

IC 标签

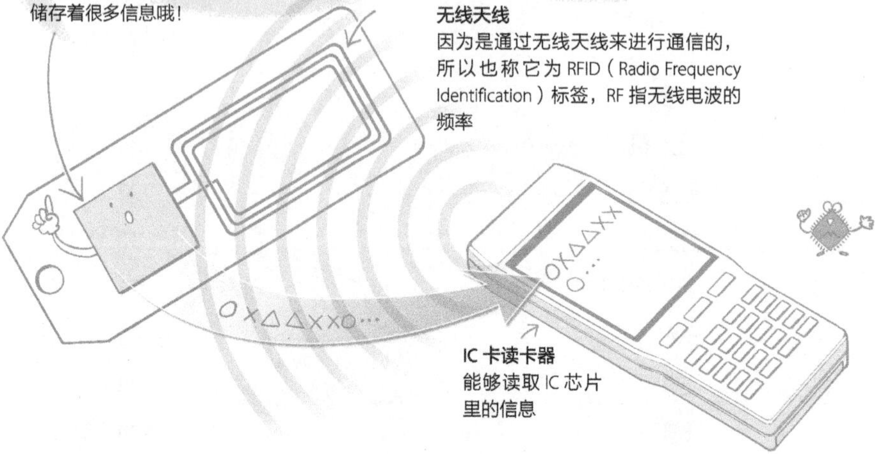
IC 芯片里
储存着很多信息哦！
无线天线
因为是通过无线天线来进行通信的，所以也称它为 RFID（Radio Frequency Identification）标签，RF 指无线电波的频率
○×△△××○…
○×△△××
○…
IC 卡读卡器
能够读取 IC 芯片里的信息

IC 标签被称为条形码的下一代，正迅速广泛地应用到各个领域。

所谓标签，就是贴在或系在物品上，标明品名、用途、价格等的小纸片。而在一个小小的标签上植入能存储信息的 IC 芯片和通信用的无线天线，从而对各种物品或人员身份等信息进行电子识别，便成了 IC 标签。

读取记录于印刷的条形码上的信息时，扫码设备必须一个一个依次进行，但是植入了 IC 芯片的 IC 标签能记录很多信息，使用 IC 卡读卡器刷一次，就能全部读取。并且条形码上的信息不能改写，而 IC 标签里的信息可以反复改写。

另外，因为 IC 标签里装有小型无线天线，它里面的信息是以无线电波的形式进行传送的，所以即便和 IC 卡读卡器之间间隔一定的距离，读卡器也能瞬间获取 IC 标签里的各种信息。

下面让我们来看看在日常生活中

各种 IC 标签

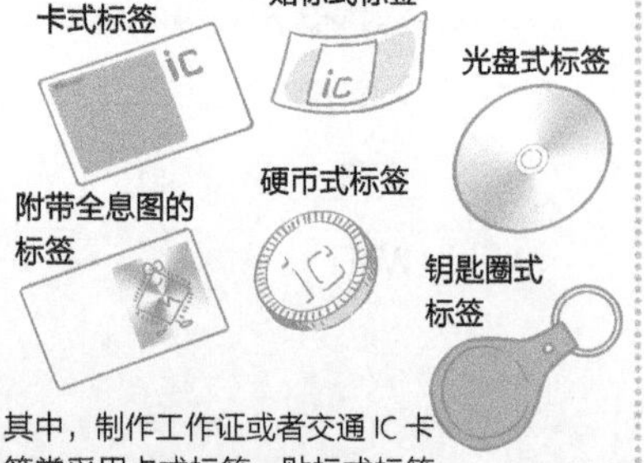
卡式标签
IC
贴标式标签
IC
光盘式标签
硬币式标签
IC
附带全息图的标签
钥匙圈式标签

其中，制作工作证或者交通 IC 卡等常采用卡式标签，贴标式标签通常用来进行商品管理或办公室物品管理等，而钥匙圈式标签则常用于电子锁的钥匙等物品上。

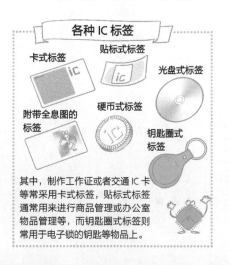

IC 标签是怎样发挥它的作用的。

比如在工厂或者商店等地方要处理大量的商品，这时在商品上贴上 IC 标签的话，仓库里堆积如山的各种商品不需要拆包，只需用 IC 卡读卡器扫一下马上就能知道运输箱里装的是什么商品以及它们的数量，这样既能节省管理商品的时间，又能很快找到要寻找的商品，真的非常方便。

如果将图书馆里大量的书籍都贴上 IC 标签，图书的预约、租借和返还等工作就能实现自动化。由于制作 IC 标签所使用的材料非常耐用，所以在世界各地的农场或畜牧场里，IC 标签也可以大显身手。

最近有越来越多的学校为了确保小学生上学、放学时的安全，开始利用贴在书包上的 IC 标签配合专门的软件来记录和通知孩子们的上学、放学时间。

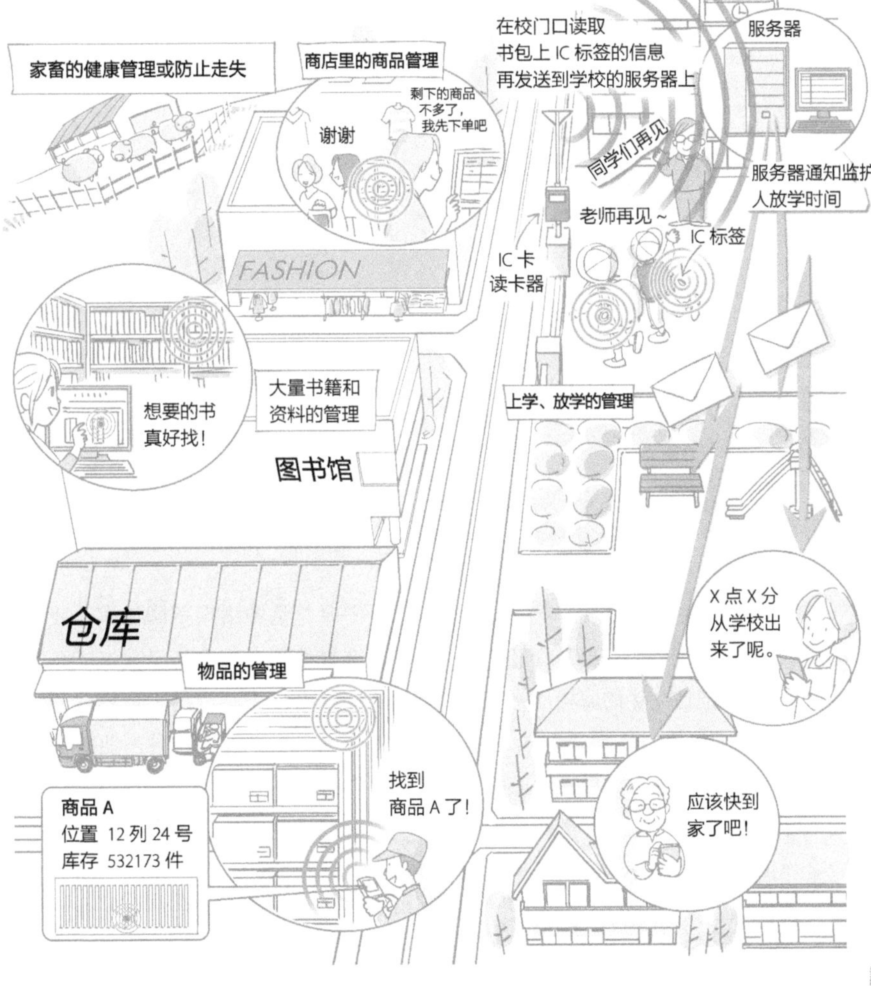

家畜的健康管理或防止走失
商店里的商品管理
剩下的商品不多了，我先下单吧
谢谢
FASHION
在校门口读取
书包上 IC 标签的信息
再发送到学校的服务器上
服务器
同学们再见
服务器通知监护人放学时间
老师再见 ~
IC 标签
IC 卡读卡器
想要的书真好找！
大量书籍和资料的管理
图书馆
上学、放学的管理
仓库
物品的管理
X 点 X 分从学校出来了呢。
找到商品 A 了！
应该快到家了吧！
商品 A
位置 12 列 24 号
库存 532173 件

熨斗

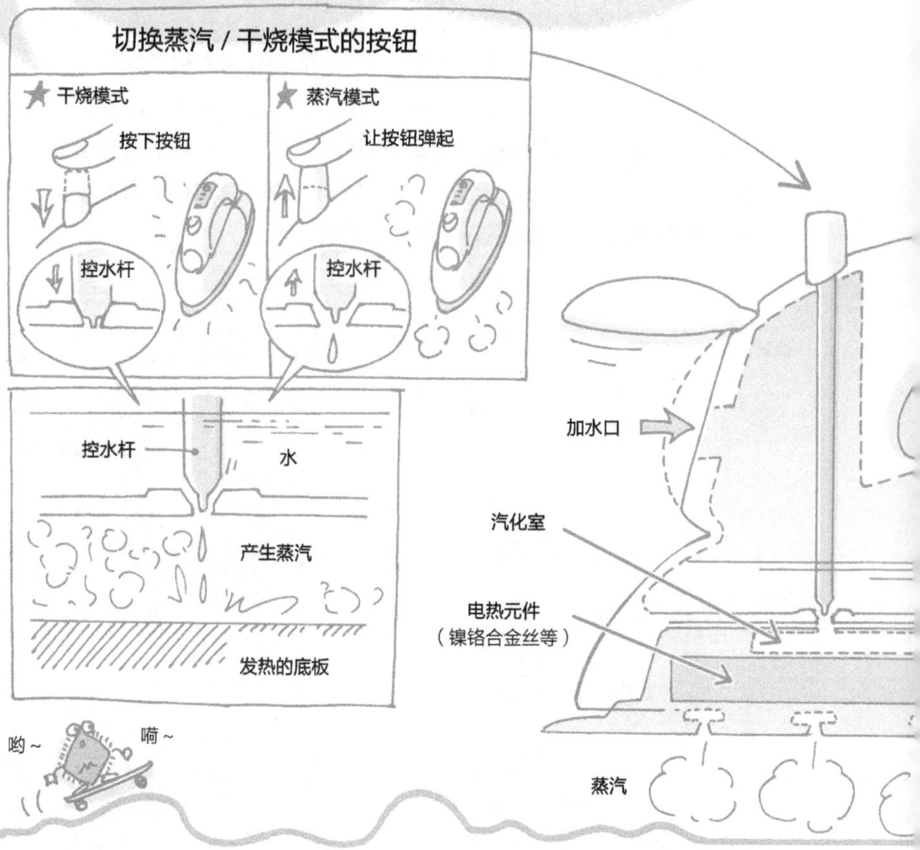

熨斗能帮我们把衣服上的褶皱瞬间熨平。熨斗底板部位的温度能达到120~210℃。把这么热的底板压在衣服上，褶皱就会展平。

一般是在铁等金属制成的底板里插入导热性极好的镍铬合金丝，镍铬合金丝因通电而发热，随即底板的温度便会急剧上升。

平时生活中根据不同需求，我们可以选择使用会喷出高温蒸汽的蒸汽模式和不会喷出蒸汽的干烧模式。这里带大家一起来看下这种吊瓶式蒸汽熨斗里的内部构造。

蒸汽模式就是会喷出高温蒸汽的模式。它有助于让衣服面料的质感变得松软，也能把顽固的褶皱熨得平平

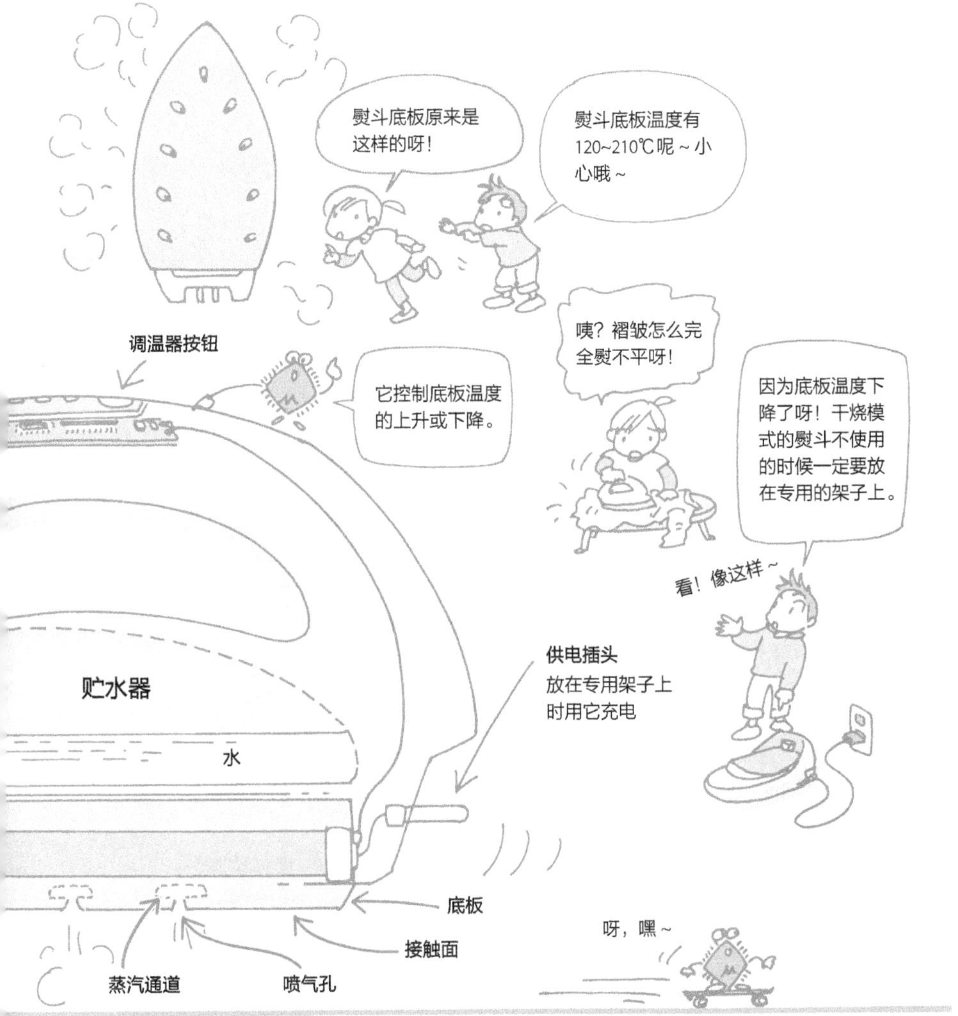
熨斗底板原来是
这样的呀！
熨斗底板温度有
120~210℃呢～小
心哦～
调温器按钮
它控制底板温度
的上升或下降。
咦？褶皱怎么完
全熨不平呀！
因为底板温度下
降了呀！干烧模
式的熨斗不使用
的时候一定要放
在专用的架子上。
看！像这样～
贮水器
水
供电插头
放在专用架子上
时用它充电
底板
接触面
蒸汽通道
喷气孔
呀，嘿～

整整。

在熨斗内部有个装水的贮水器和把从贮水器里滴落的水滴蒸发汽化的汽化室。

蒸汽按钮的一上一下会带动一根连接着贮水器的控水杆上下移动，从而控制贮水器出水口的大小。按钮弹起时，出水口变大，滴下的水滴量就会变多。

水滴滴落下来后会一点一点地流到发热的底板上，一接触到底板就会瞬间蒸发汽化，于是底板的喷气孔就会喷出蒸汽了。

另外，在熨烫不同面料制成的衣服时，熨斗温度是能够调节的。

动画

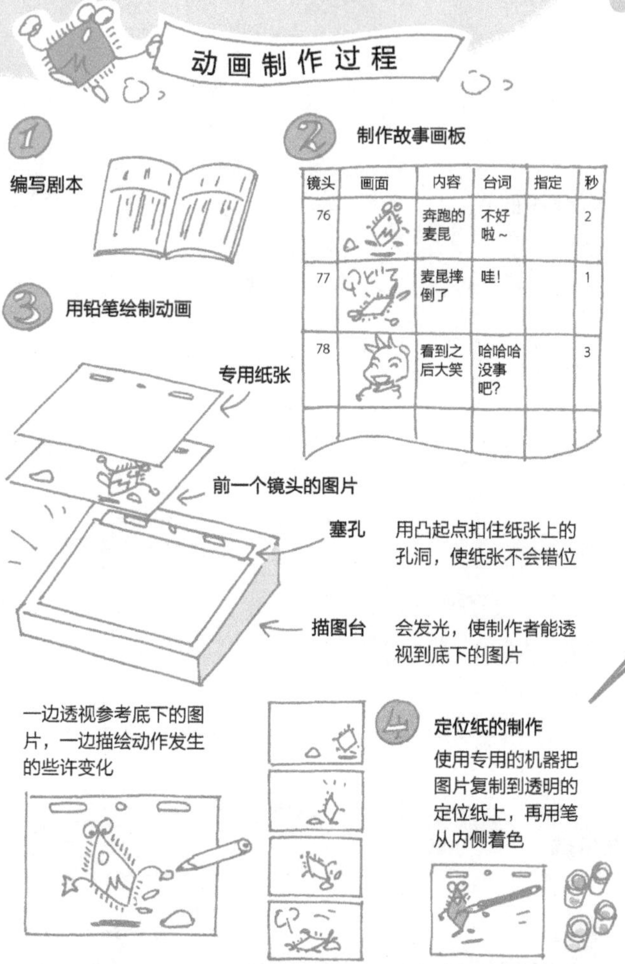

动画制作过程
1 编写剧本
2 制作故事画板
镜头 画面 内容 台词 指定 秒
76 奔跑的麦昆 不好啦~ 2
77 麦昆摔倒了 哇! 1
78 看到之后大笑 哈哈哈没事吧? 3
3 用铅笔绘制动画
专用纸张
前一个镜头的图片
塞孔
用凸起点扣住纸张上的孔洞，使纸张不会错位
描图台
会发光，使制作者能透视到底下的图片
一边透视参考底下的图片，一边描绘动作发生的些许变化
4 定位纸的制作
使用专用的机器把图片复制到透明的定位纸上，再用笔从内侧着色

动画有很多种类，比如在一种叫作定位纸的透明薄片上绘制的手绘动画，或者一边慢慢移动用黏土等制作而成的人偶一边进行拍摄的立体动画，还有使用计算机技术的CG动画。这里我们以手绘动画为例来向大家介绍。

首先以漫画为蓝本编写出只有文字的剧本，接着再制作成加入了图片的故事画板。故事画板上记述着各种细节，包括画面的内容、台词、效果音和每个动作的时长（秒数）等。

然后便开始绘制各个场景中的登场人物（角色）以及背景等画面。其中为了让画面里的人物或场景动起来，它们的每一个动作都需要绘制好几幅图片。因为把这样的图片连续起来播放，就能使人物或场景好像动起来了一样，所以图片的数量越多，动作就会显得越自然。

在绘制表现动作的图片时，为了能透视到前一个镜头的图片，会把专

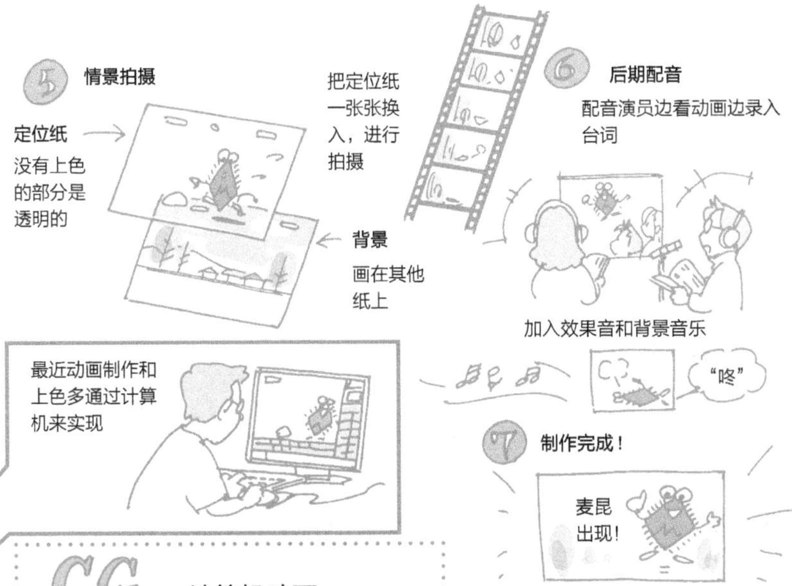
5 情景拍摄
定位纸
没有上色的部分是透明的
把定位纸一张张换入，进行拍摄
背景
画在其他纸上
6 后期配音
配音演员边看动画边录入台词
加入效果音和背景音乐
“咚”
最近动画制作和上色多通过计算机来实现
7 制作完成！
麦昆出现！

CG… 计算机动画

CG 是英文 Computer Graphics 的缩写，是指用计算机软件绘制图形的技术。经常应用于制作计算机游戏、电影或者称为 3DCG 的立体影像

不止用于制作动画，电影中也会使用这项技术哦！
呜哇！

用纸张固定在从下方有光照射上来的描图台上，这样就能边依据前一张图片的动作边用铅笔来描绘动作发生的些许变化。这一步完成后就会使用专用的机器把铅笔画下的图片复制到定位纸上，然后再用笔从定位纸的内侧着色。

人物或场景等都分别画在不同的定位纸上，随着这些定位纸或重叠或分开，各种不同的场景画面便产生了。绘制角色、绘制背景和着色等一系列的工作由很多人一起分别负责完成。

定位纸的制作完成以后，再把一个个画面的定位纸不断排列组合，同时用专用的摄像机拍摄下来，就有了每一组情景的完整镜头，最后再配上声音，动画片就彻底完成了。

近些年来，CG 动画成了主流，它的制作不需要摄影，而是通过计算机来完成所有画面的拼接工作，从而制成动画片。

互联网

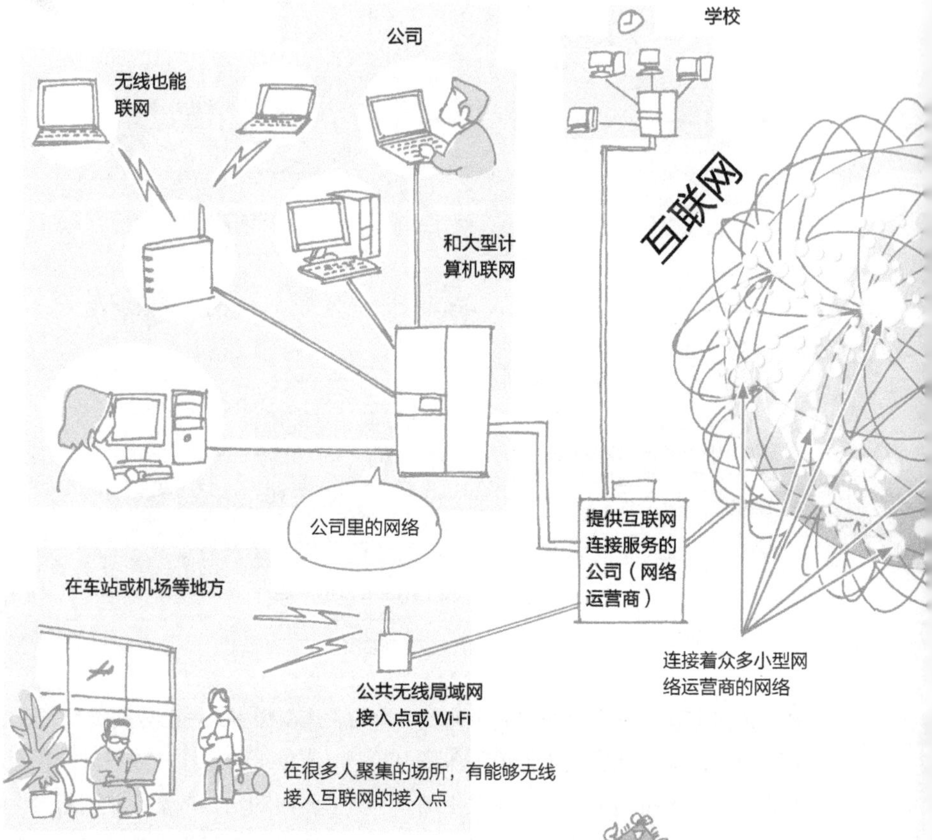

现在即使不贴邮票投递信件，也能通过计算机把想要传递的信息送到世界各地的人手中，或者查询全世界范围内的各种信息。

之所以能像这样身居一室便和世界各地的人进行交流，全靠互联网技术的支持。

所谓互联网，就是由若干计算机网络相互连接而成的网络。它的构造简单来说，首先是由在学校或公司里所使用的计算机相互连接形成一个个局域网，随后这些局域网再相互连接，最终形成遍布全球的互联网。

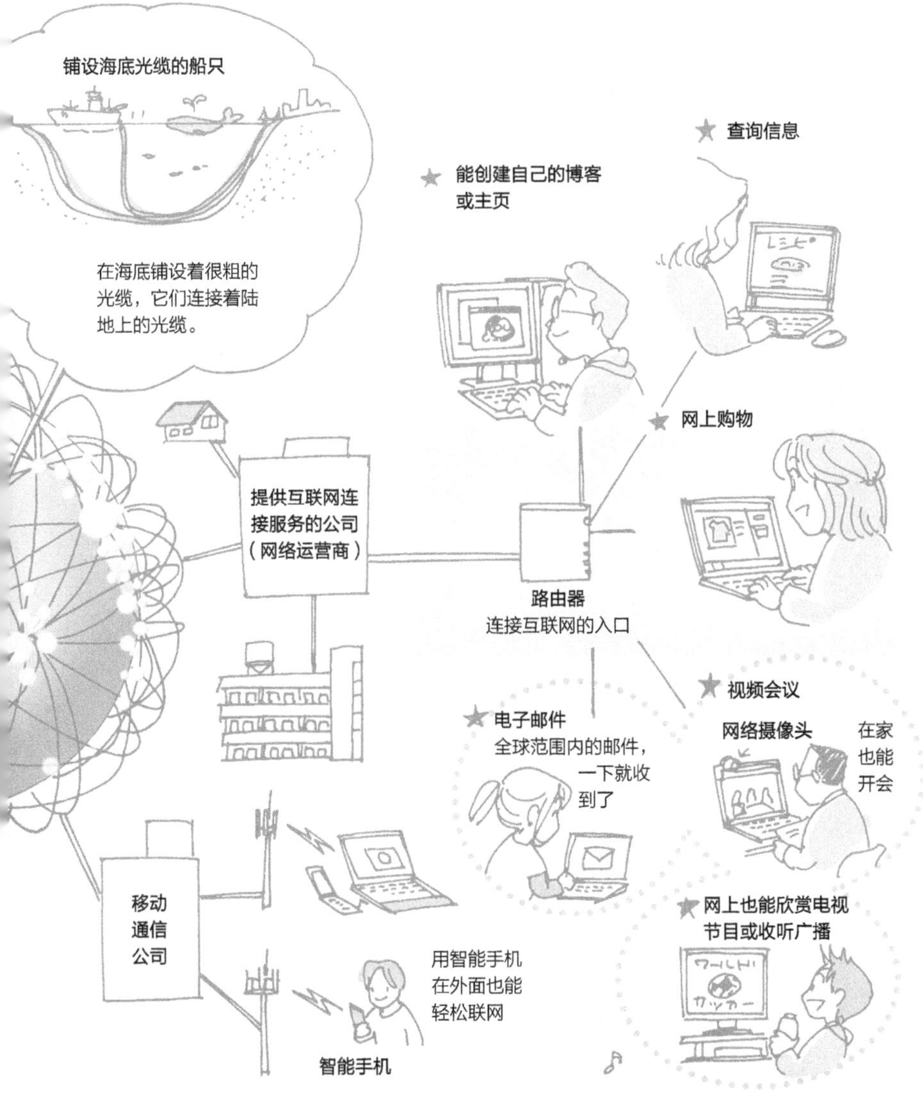
铺设海底光缆的船只
在海底铺设着很粗的光缆，它们连接着陆地上的光缆。
能创建自己的博客或主页
查询信息
网上购物
提供互联网连接服务的公司（网络运营商）
路由器
连接互联网的入口
视频会议
网络摄像头
在家也能开会
电子邮件
全球范围内的邮件，一下就收到了
网上也能欣赏电视节目或收听广播
移动通信公司
用智能手机在外面也能轻松联网
智能手机

如果你有了与计算机或者手机等设备相连的通信线路，接着只需向网络运营商，即提供互联网连接服务的公司提出申请，就能连接到互联网。

通过互联网，人们可以互相发送网络信件——电子邮件，创建开放公司或个人等各种信息的“主页”，在全世界的“主页”上查询所需要的信息，在网络上的商店（网店）进行购物，甚至和分隔两地的人进行实时视频会议等。互联网在我们日常生活的各个方面都发挥着重要作用。

空调

液体蒸发的时候会从周围空气里吸收大量的热量（汽化热），而气体转变成液体时会向四周释放热量。空调就是应用了这个原理使房间里的空气变冷或变热的。空调由两根管子连接着房间内部的室内机和房间外部的室外机。在管子中有一种叫作制冷剂的气体在循环流动运送着空气中的热量。

室内机和室外机上都配备有热交换器。除此之外，在室外机上还安装有将制冷剂压缩的压缩机。

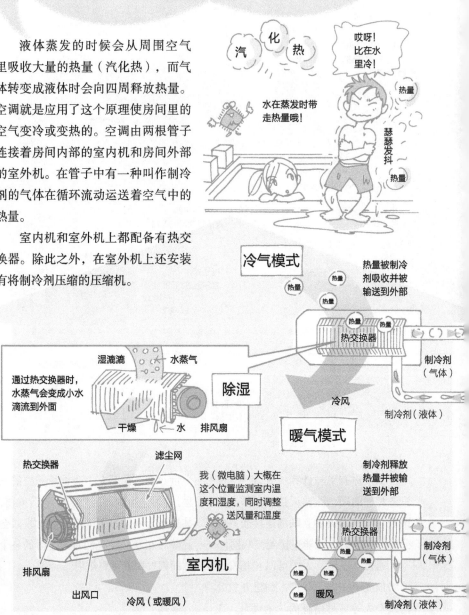

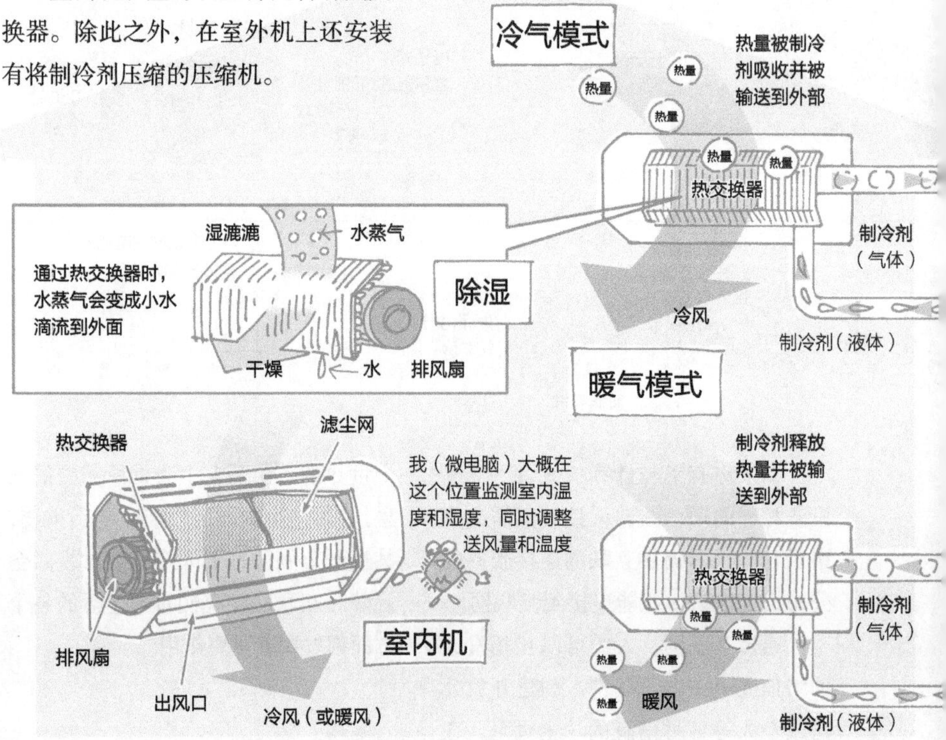

我们来看看空调是怎样让房间内的温度降下来的。在室外机的压缩机里，处于近 80℃高温和高压状态的制冷剂通过热交换器释放热量变成液体。液体经过一根直径约 1mm 的管道时，因为压力减小便开始蒸发。

由此运送到室内机中的制冷剂，随着压力进一步下降在室内机热交换器的细管中持续蒸发，从而吸收室内空气的热量使温度下降。接着这些制冷剂会再次流向室外机。

另外，在冷气模式下冷却空气的时候，空气中的水蒸气在通过热交换器时会变成水滴流到外面。所以空调需要同时进行除湿处理。

暖气模式下，不管是制冷剂的流向还是室内机或室外机所起的作用都与冷气模式刚好相反。制冷剂经过压缩机压缩后，不是先运送到室外机，而是先输送到室内机的热交换器里让它释放热量，使四周空气变暖。这时我们再使用遥控器控制室内机中的换向阀，暖风就吹了出来。

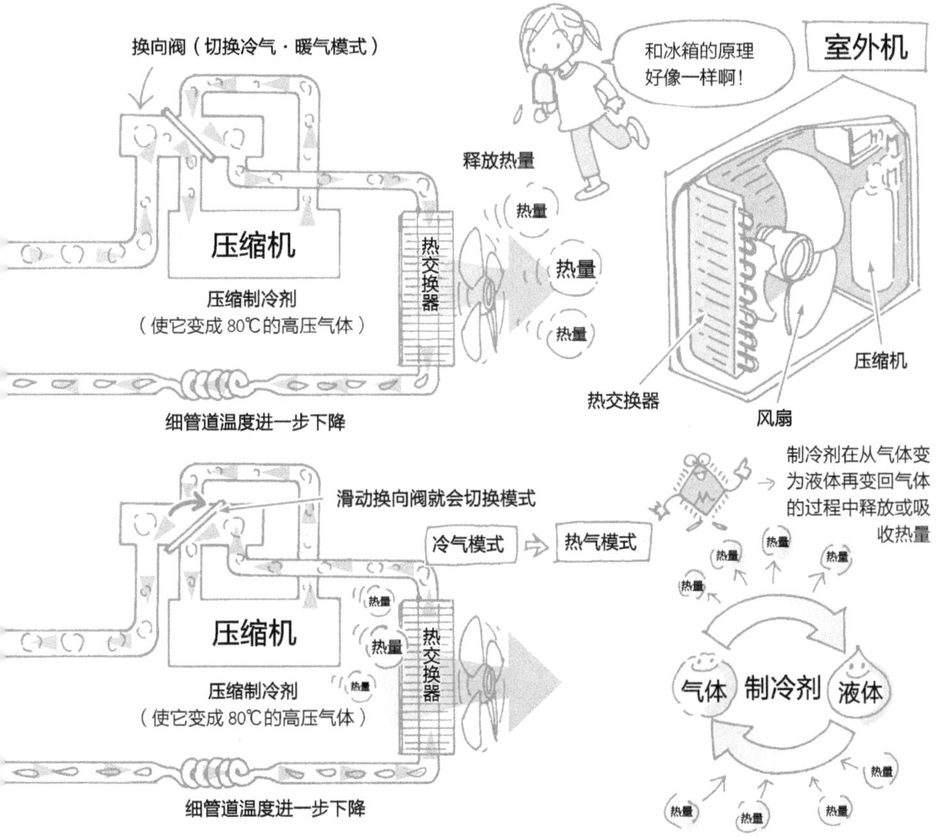

ATM 机

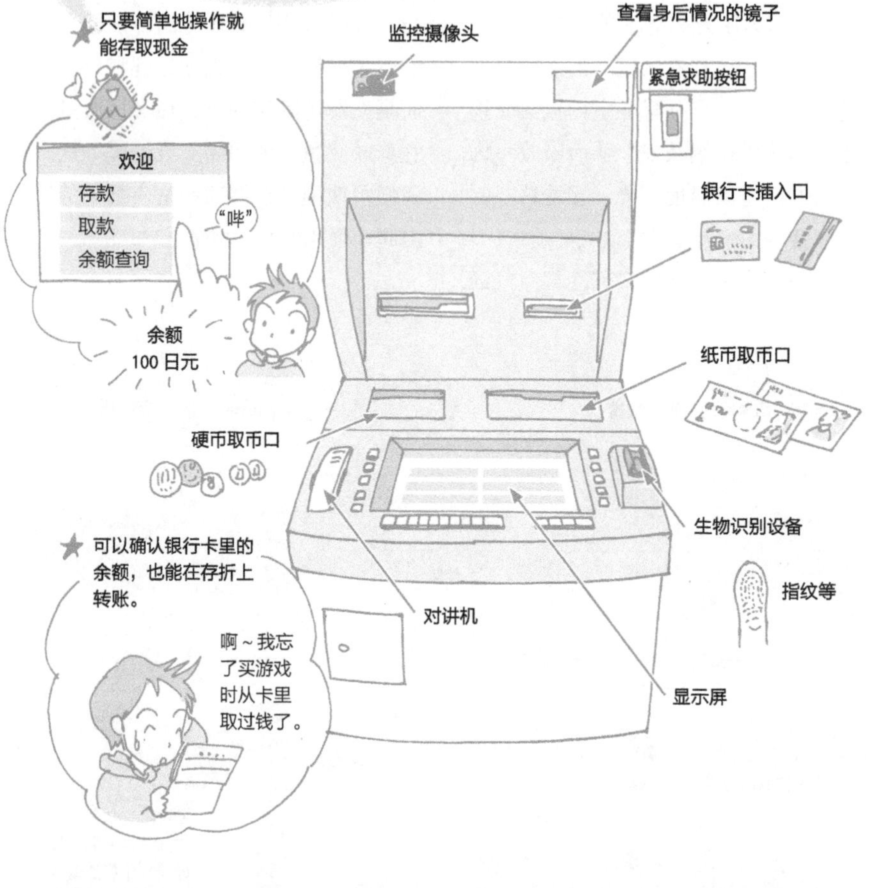

安装在银行、便利店或车站等地方的自动存取款机的英文是“Automatic Teller Machine”，所以简称为 ATM 机。

你只要持有银行卡或存折，就能在任何地方的 ATM 机上非常方便地自助存取款或查询自己账户里的余额以及对自己的存折进行转账等操作。

ATM 机通过安全的专用线路连接着主机——管理银行账户存取款的大型计算机，在主机里集中保存着储户的信息数据。

通过 ATM 机进行的各种交易全

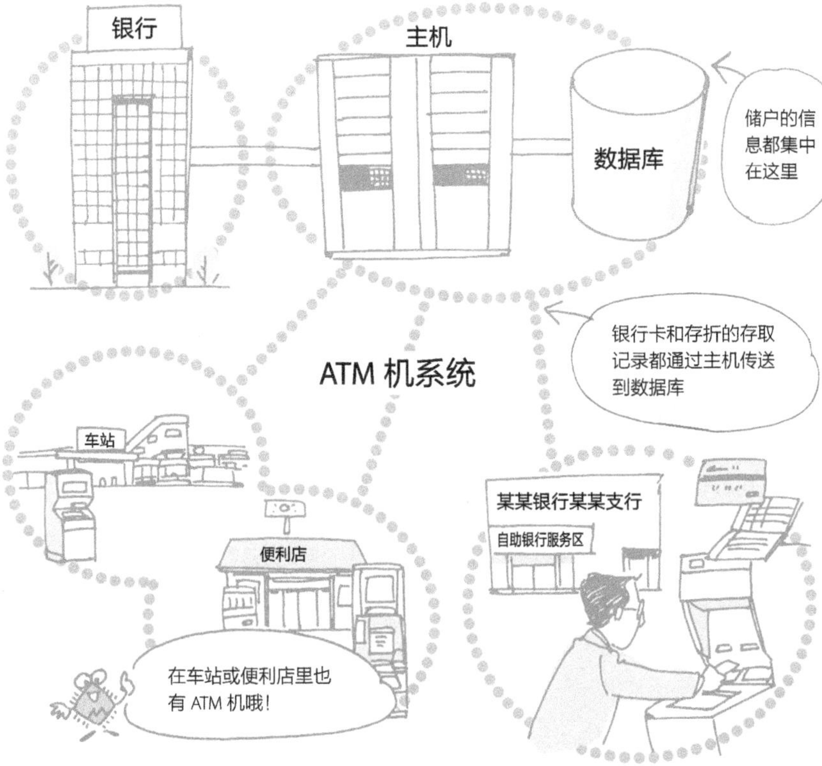
银行
主机
数据库
储户的信息都集中在这里
银行卡和存折的存取记录都通过主机传送到数据库
ATM 机系统
车站
便利店
某某银行某某支行
自助银行服务区
在车站或便利店里也有 ATM 机哦！

部都是由主机指挥进行的。

比如当我们要把钱取出来时，主机为了确认银行卡持有人的身份，需要取款人根据 ATM 机上的画面和声音提示输入本人预先设置的数字密码。银行卡和密码的信息传送到主机后，主机便会对照储户的信息判断是否能够提取现金。以上信息如果没有问题那么就能把钱取出来，但当密码出错或者余额不足时，主机就会阻止现金提取。

★银行卡★

之前在 ATM 机或自动取款机（只能取现金或确认余额的自动现金支付机器）里使用的都是有磁条的塑料银行卡。最近为了防止银行卡被伪造，有些银行卡里植入了 IC 芯片，能通过指纹或手指里的静脉来判断是否是所有者本人。

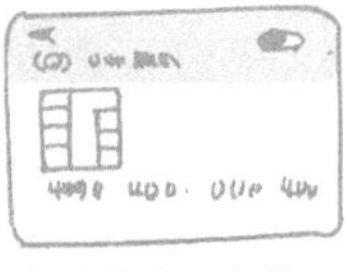

很多信息都存储在 IC 卡里

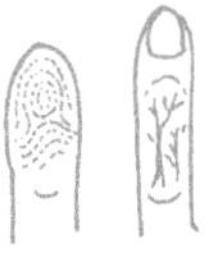

能通过指纹或手指里的静脉确认是否是本人

液晶显示器

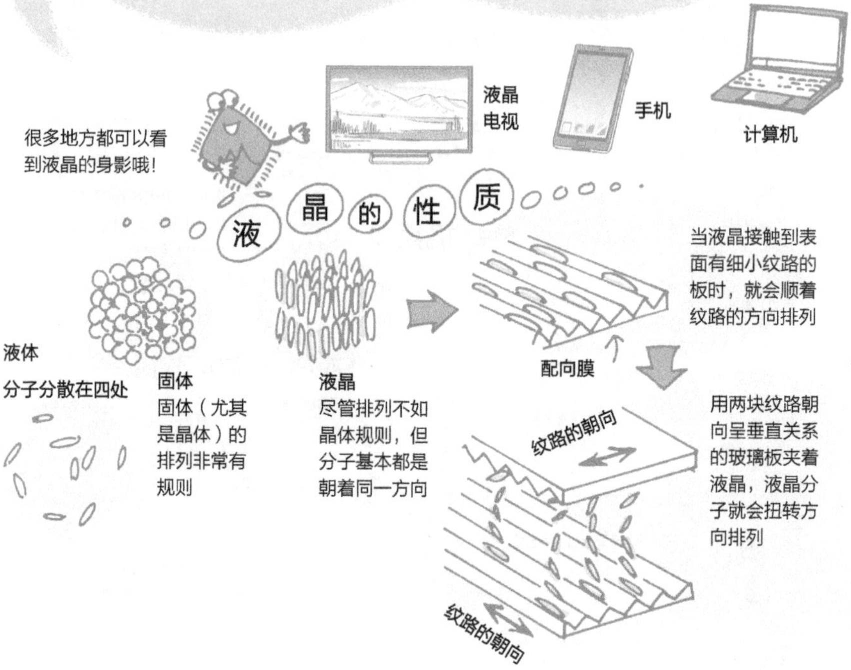
很多地方都可以看到液晶的身影哦！
液晶电视
手机
计算机
液晶的性质
液体
分子分散在四处
固体
固体（尤其是晶体）的排列非常有规则
液晶
尽管排列不如晶体规则，但分子基本都是朝着同一方向
当液晶接触到表面有细小纹路的板时，就会顺着纹路的方向排列
配向膜
纹路的朝向
用两块纹路朝向呈垂直关系的玻璃板夹着液晶，液晶分子就会扭转方向排列
纹路的朝向

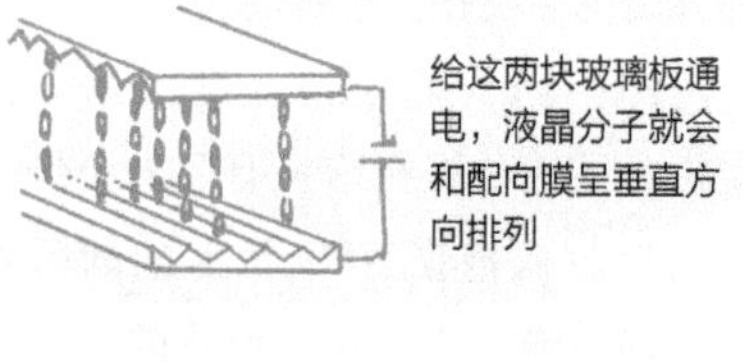
给这两块玻璃板通电，液晶分子就会和配向膜呈垂直方向排列

液晶是一种广泛用于制作电视机、计算机和手机等屏幕的材料。那么它究竟是种什么样的材料呢？

所有的物质都是由叫作分子的小颗粒集合而成的。而液晶处于固体和液体之间，表面上它是液体，但是构成液晶的细长形分子排列得非常规则，看起来又很像是晶体的结构。

在“液晶”分子的两端分别带有正电荷和负电荷。因此当电流通过时，它的分子会一齐朝着同一个方向，而当它接触到贴在玻璃板上的细纹配向膜时，便会沿着纹路来排列。

液晶显示器就是利用液晶这一属性来呈现出文字或图像的。液晶显示器由两块贴有导电透明薄膜的薄薄的玻璃板夹着液晶组成。在这个结构的外部两侧还分别贴着两块

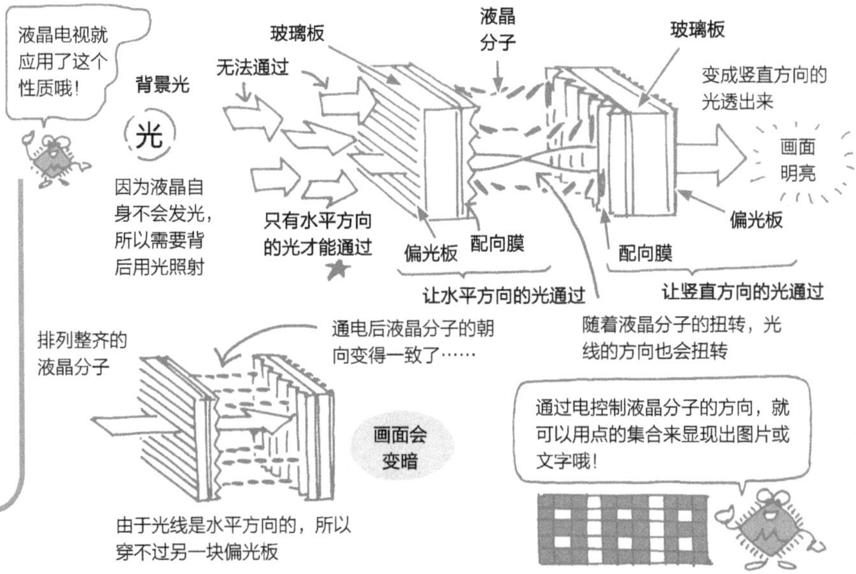
液晶电视就应用了这个性质哦！
背景光
光
因为液晶自身不会发光，所以需要背后用光照射
无法通过
玻璃板
只有水平方向的光才能通过
液晶分子
偏光板
配向膜
让水平方向的光通过
玻璃板
变成竖直方向的光透出来
画面明亮
偏光板
配向膜
让竖直方向的光通过
随着液晶分子的扭转，光线的方向也会扭转
排列整齐的液晶分子
通电后液晶分子的朝向变得一致了……
画面会变暗
由于光线是水平方向的，所以穿不过另一块偏光板
通过电控制液晶分子的方向，就可以用点的集合来显现出图片或文字哦！

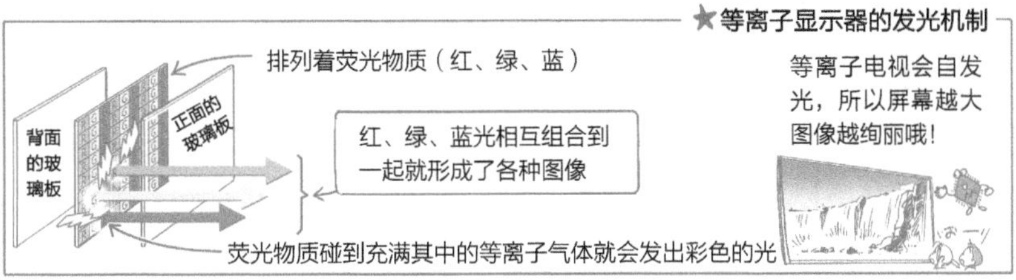
★等离子显示器的发光机制
排列着荧光物质（红、绿、蓝）
背面的玻璃板
正面的玻璃板
红、绿、蓝光相互组合到一起就形成了各种图像
荧光物质碰到充满其中的等离子气体就会发出彩色的光
等离子电视会自发光，所以屏幕越大图像越绚丽哦！

方向交错的、光线只能从一个方向通过的偏光板。

让我们看一下上面的图片。当液晶显示器里没有电流通过时，液晶的分子排列得弯弯曲曲的，所以光线也随着分子的排列形状弯曲行进。由此光线便能穿透对面的偏光板，产生明亮的白色画面区域。

一旦有电流通过，分子就会朝着同一方向整齐排列，而光线也因此是水平方向的。此时光线无法通过与第一块偏光板方向不同的另一块偏光板。于是那个位置的画面就会显示成黑色。

在实际使用的液晶显示器里，夹在偏光板之间的液晶被分成大量的、叫作像素的小单元，根据需要一会儿这些像素通电，一会儿那些像素断电，屏幕上便会显示出由黑色或白色的点（小圆点）组成的文字或者图像了。

自动扶梯

我们只需要站到自动扶梯上，它就会自动把我们送上楼或送下楼。

一阶阶出现的自动扶梯在人们开始乘坐的位置传送出来变成台阶状，乘客离开后，扶梯又像带式输送机一样传回到人们开始乘坐的位置。

每级台阶里都装着能带动踏板的滚轮和支承踏板的滚轮，两个滚轮分别在两根导轨上滚动。

随着两个滚轮和导轨间的距离不断变化，踏板之间就会时而变成台阶状时而又呈平面状。

除此之外，电动机驱动齿轮旋转，从而带动导链运转。

自动扶梯的速度大约是每小时 1.8~2.5km。大概相当于人们步行速度（平均每小时约 4km）的一半。

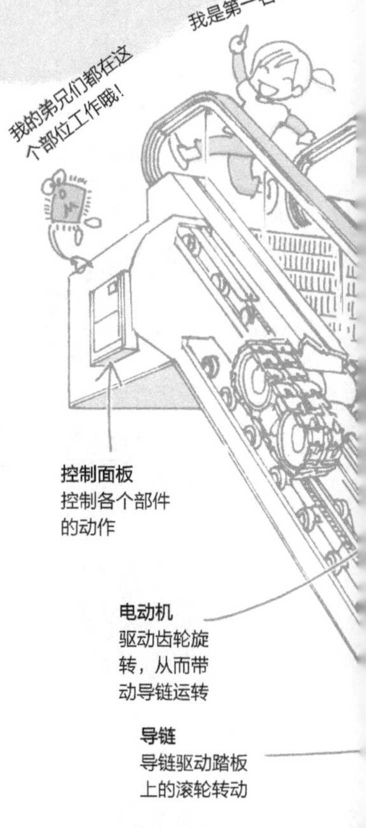
我是第一名！
我的弟兄们都在这个部位工作哦！
控制面板
控制各个部件的动作
电动机
驱动齿轮旋转，从而带动导链运转
导链
导链驱动踏板上的滚轮转动

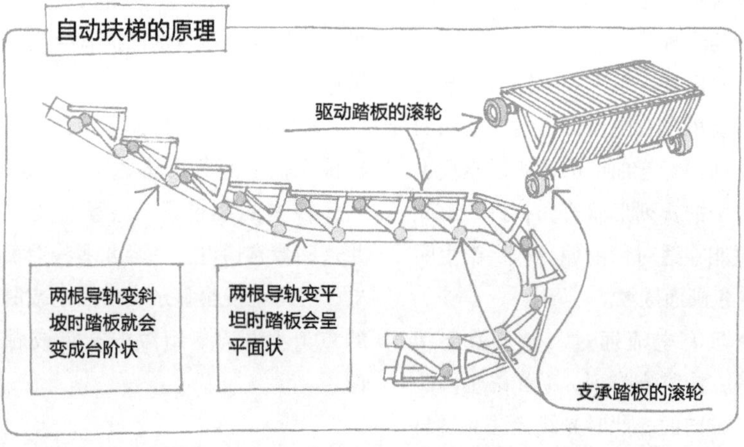
自动扶梯的原理
驱动踏板的滚轮
两根导轨变斜坡时踏板就会变成台阶状
两根导轨变平坦时踏板会呈平面状
支承踏板的滚轮

为了保证安全，自动扶梯上还安装了与扶梯运转速度相同的移动扶手和紧急停止按钮等安全装置。

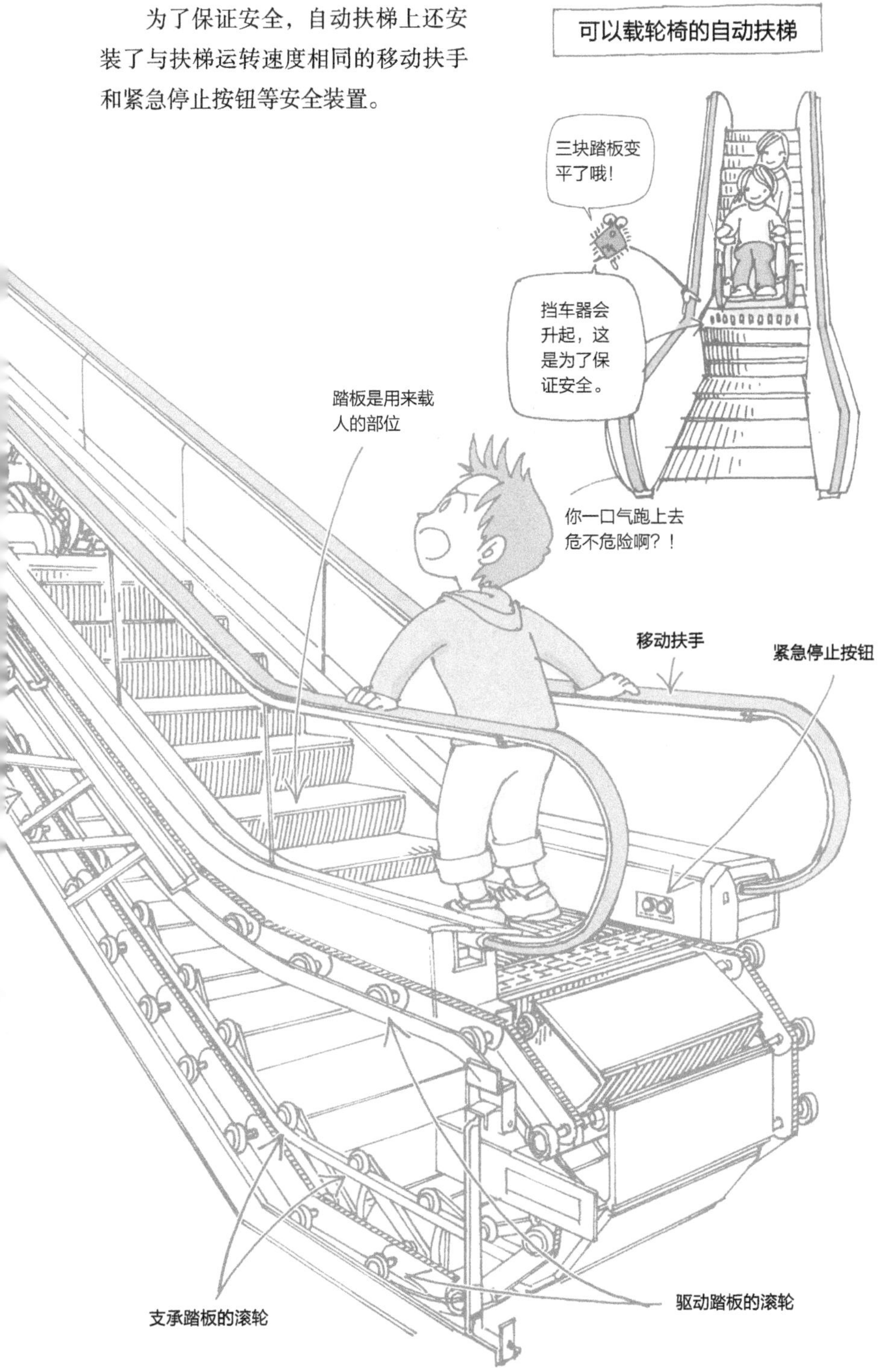
可以载轮椅的自动扶梯
三块踏板变平了哦！
挡车器会升起，这是为了保证安全。
你一口气跑上去危不危险啊？！
踏板是用来载人的部位
移动扶手
紧急停止按钮
支承踏板的滚轮
驱动踏板的滚轮

LED 灯

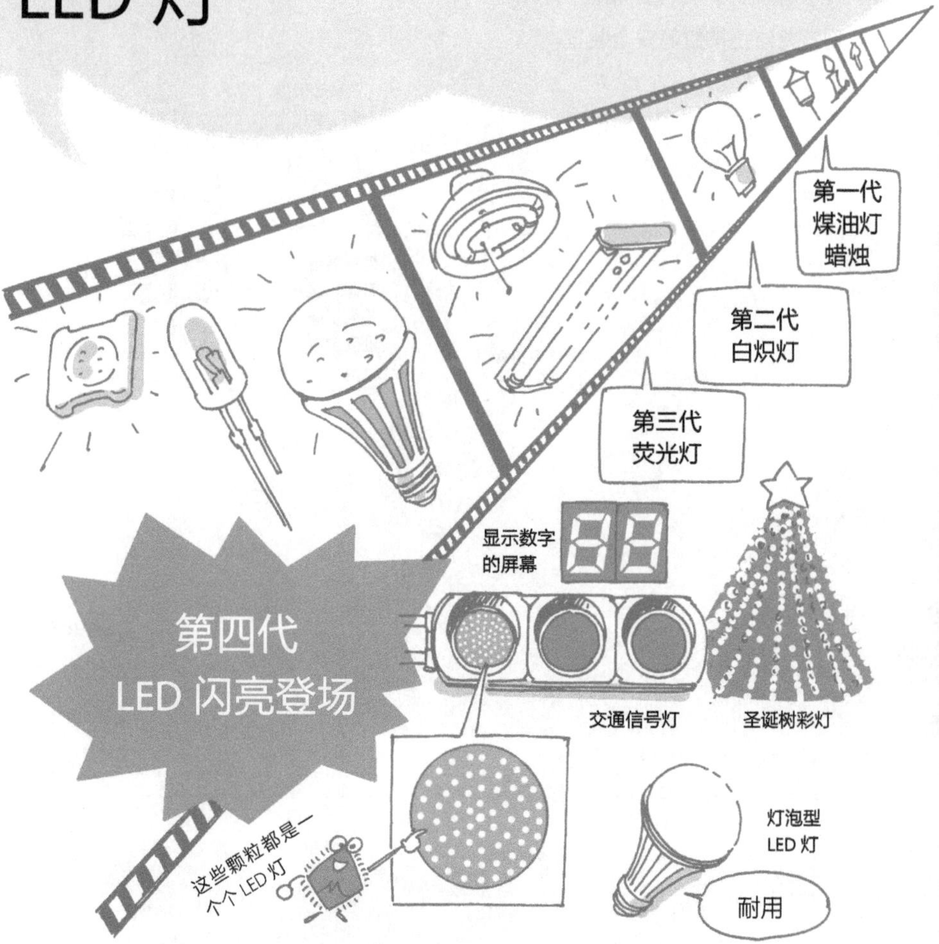

照明材料利用电力给千家万户带来光明，如今 LED 灯越来越普及，逐渐在各种场合取代了之前的白炽灯和荧光灯。

“LED”也叫作发光二极管，取了英文“Light Emitting Diode”的三个首字母作为简称。

大家有没有注意过圣诞树上闪着艳丽蓝光的彩灯，或者新型交通信号灯里使用的小颗粒状的灯珠，这些都是 LED 灯。

LED 灯的发光方式和传统灯泡是不一样的。

让我们来看下 LED 灯和白炽灯的

★ LED 灯和白炽灯的区别 ★

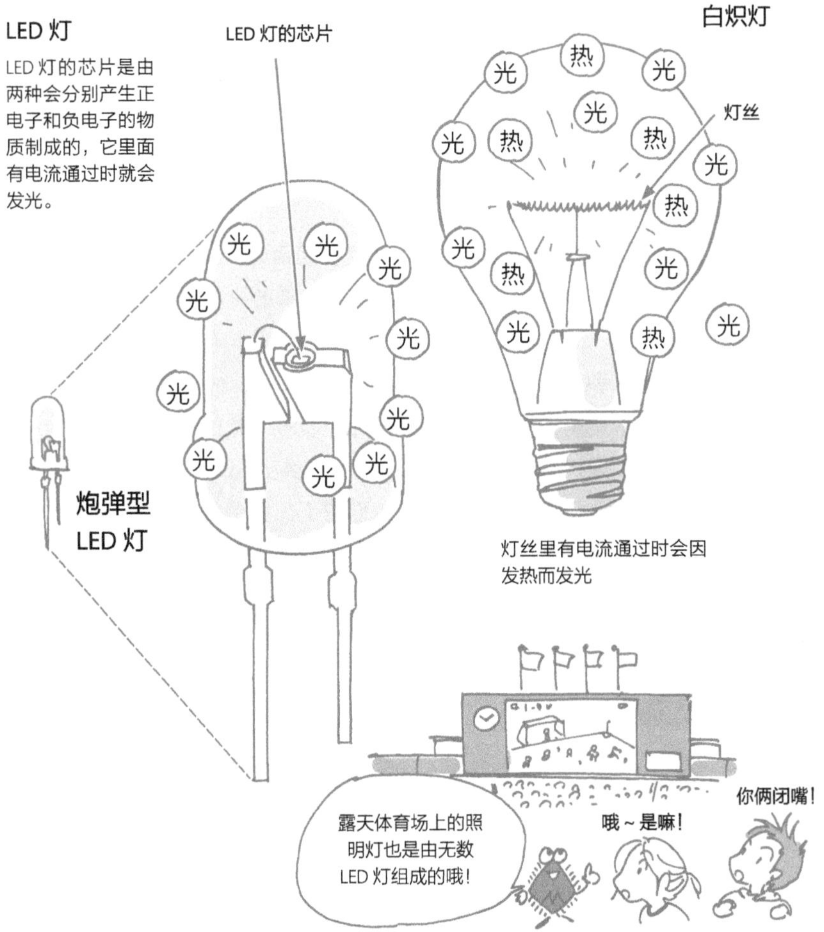

LED 灯
LED 灯的芯片是由两种会分别产生正电子和负电子的物质制成的，它里面有电流通过时就会发光。
LED 灯的芯片
炮弹型 LED 灯
光
白炽灯
灯丝
光
热
灯丝里有电流通过时会因发热而发光
露天体育场上的照明灯也是由无数 LED 灯组成的哦！
哦～是嘛！
你俩闭嘴！

不同之处吧。

在白炽灯的玻璃球里用钨丝作为灯丝，当电流通过钨丝时，会把它的温度加热到近 2000℃，于是钨丝便会发光。

而 LED 灯的发光部位是它的芯片（发光二极管），当电流通过时，发光二极管会直接把电能转变成光能，从而发光。

相较于白炽灯或荧光灯，LED 灯更省电且耐用，是种非常经济实用的照明材料。同时，由于 LED 灯可以又小又薄，所以它还可以用作手机或数码相机等显示画面的背景灯。

电梯

在高楼或商场等地方，因为有了电梯，我们能快速到达想去的楼层，非常方便。

电梯分为缆绳式和液压式。液压式电梯主要在工厂里用来搬运沉重的货物或者汽车等。而缆绳式电梯通常在商场或住宅楼等地方用于载人。现在，绝大多数的电梯都是缆绳式，分为有机房和无机房两种类型。在此以无机房的缆绳式电梯为例，给大家介绍一下电梯的构造和原理。

电梯的结构包含载人用的轿厢、作为“指挥所”的控制面板、卷扬机、升降轿厢的缆绳和“对重”等。

乘坐缆绳式（无机房）电梯时，我们按下想去的楼层的按钮，卷扬机就会收卷缆绳，把轿厢拉升到想去的楼层。同时在缆绳的对侧有“对重”，能减轻卷扬机的负担。

另外，电梯上还有很多保证安全的设置。比如缆绳的材质和起重机上使用的缆绳相同，由钢制成。一般会有三根以上这样的缆绳吊着轿厢。如果缆绳断了，有防止轿厢坠落的“紧急制动按钮”，万一轿厢仍然发生坠落，还有缓冲器。

除此之外，控制面板也监控着轿厢的运行速度，而且牢牢安装在轿厢两侧的导轨也能保证轿厢安全上下行。

液压式电梯

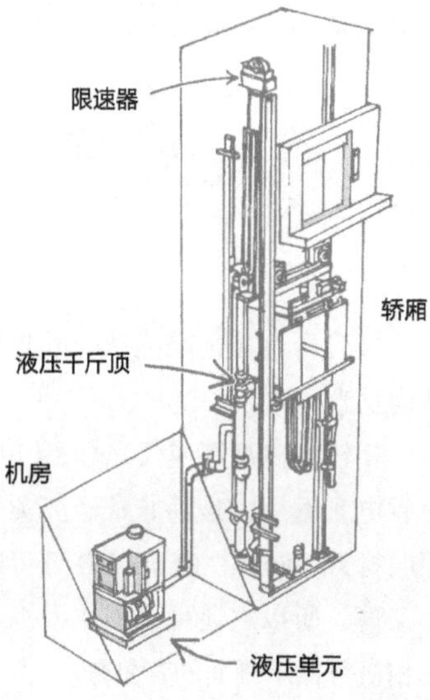

缆绳式电梯

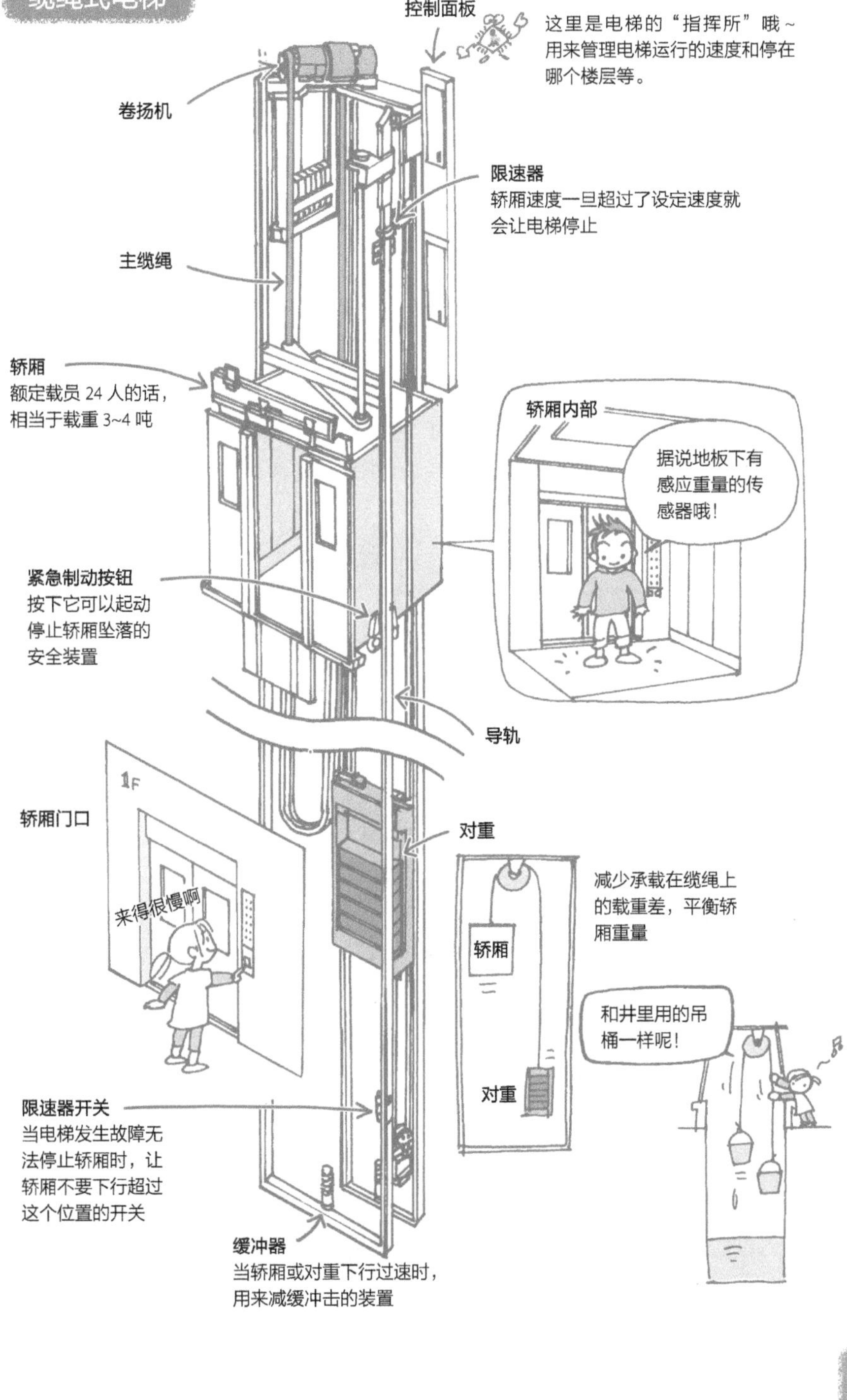

控制面板
这里是电梯的“指挥所”哦~用来管理电梯运行的速度和停在哪个楼层等。
卷扬机
限速器
轿厢速度一旦超过了设定速度就会让电梯停止
主缆绳
轿厢
额定载员 24 人的话，相当于载重 3~4 吨
轿厢内部
据说地板下有感应重量的传感器哦！
紧急制动按钮
按下它可以起动停止轿厢坠落的安全装置
导轨
1F
轿厢门口
来得很慢啊
对重
减少承载在缆绳上的载重差，平衡轿厢重量
轿厢
对重
和井里用的吊桶一样呢！
限速器开关
当电梯发生故障无法停止轿厢时，让轿厢不要下行超过这个位置的开关
缓冲器
当轿厢或对重下行过速时，用来减缓冲击的装置

铅笔

铅笔的制作过程主要分为笔芯的制作和包裹笔芯用的木材加工两部分。

笔芯的原料是石墨和黏土。它们之间的不同比例决定了笔芯的坚硬程度。HB 的笔芯里，石墨和黏土的比例为 7∶3。石墨占的比例越大笔芯的颜色越深，而黏土占的比例越大笔芯越硬。

制作的时候是把笔芯原料放进圆形的筒状物内压碎，随后把它挤成成品笔芯所需的粗细并切割成 20cm 左右长。等它干燥后再放到约 1000℃的环境里经过数小时的烧制最终成形。接着把油浸入到笔芯里，使它不易折

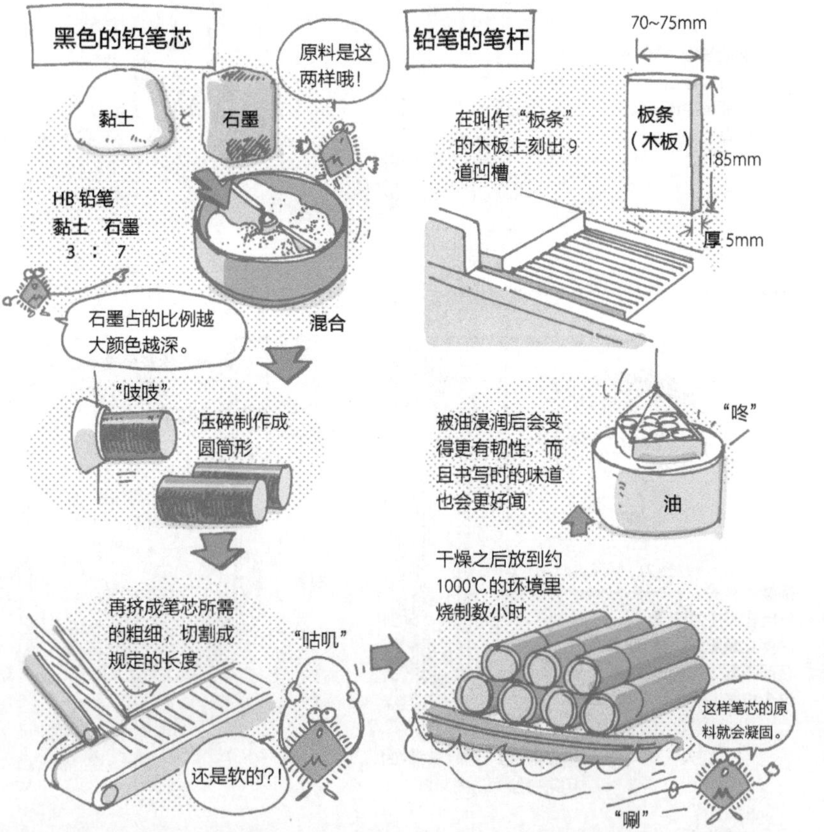

黑色的铅笔芯
原料是这两样哦！
黏土
と
石墨
HB 铅笔
黏土 石墨
3 ： 7
石墨占的比例越大颜色越深。
混合
“吱吱”
压碎制作成圆筒形
再挤成笔芯所需的粗细，切割成规定的长度
“咕叽”
还是软的?!
干燥之后放到约1000℃的环境里烧制数小时
这样笔芯的原料就会凝固。
“唰”
被油浸润后会变得更有韧性，而且书写时的味道也会更好闻
“咚”
油
铅笔的笔杆
70~75mm
板条（木板）
185mm
厚 5mm
在叫作“板条”的木板上刻出 9 道凹槽

断并且书写时的味道更好闻。

然后把经过以上工序处理的笔芯用木板夹住，就开始准备制作成我们平时所看到的铅笔的形状了。首先在木板上雕刻出容纳笔芯的半圆形凹槽，这样的板会准备两块。把笔芯嵌入板上的凹槽内再在接合处涂上黏合剂，接着配合上另一块同样刻好了半圆形凹槽的木板把笔芯用力夹住。等里面的黏合剂干燥后，把平坦的外侧面削成铅笔的形状，最后把一支一支铅笔切割分离开，再涂上几层涂料，铅笔制作就彻底完成了。

顺带一提，彩色铅笔的原料是使笔芯更顺滑的滑石（50%）、蜡（25%）和着色的颜料（20%）以及使原料凝固的胶。这种铅笔的制作过程除了让混合好的原料充分干燥、不需要在高温下进行烧制外，其他工序都和普通铅笔完全相同。

彩色铅笔
这种叫作滑石的矿物质粉末也用在化妆品等物品里
颜料
胶
蜡
滑石
为了着色
为了凝固
为了使笔芯书写时更顺滑
把原材料混合后制成彩色铅笔笔芯所需的粗细和长度
放入圆筒内搁置约 70 个小时原材料就干了
彩色铅笔的笔芯是不需要烧制的哦！

★ 日本铅笔“板条”的材料来自于一种生长在美国加利福尼亚州等地的叫作北美翠柏的树木。这种树的高度可以达到 30 米左右！而石墨主要来自于中国，黏土则来自德国或中国。

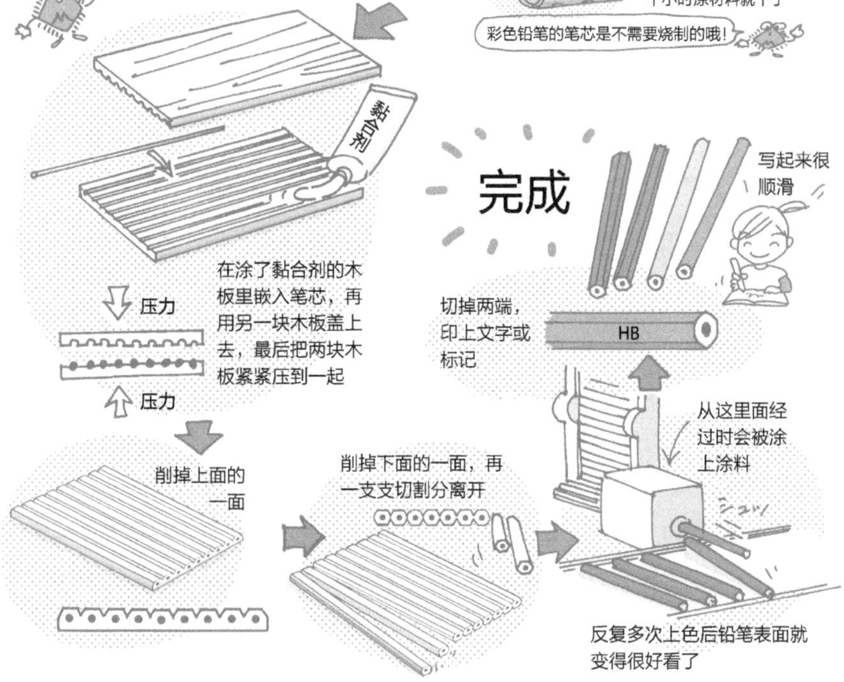
黏合剂
在涂了黏合剂的木板里嵌入笔芯，再用另一块木板盖上去，最后把两块木板紧紧压到一起
压力
压力
削掉上面的一面
削掉下面的一面，再一支支切割分离开
完成
写起来很顺滑
切掉两端，印上文字或标记
HB
从这里面经过时会被涂上涂料
反复多次上色后铅笔表面就变得很好看了

摩托车

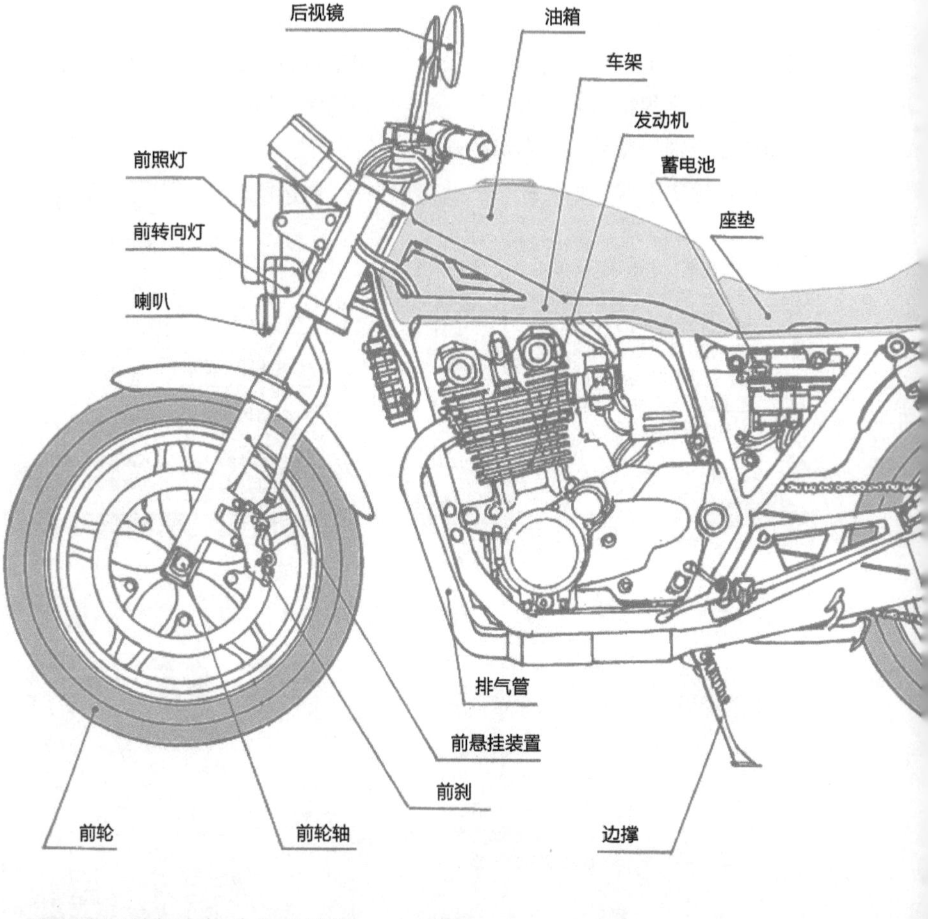

摩托车的结构大体分为两部分，一部分是作为骨架的车架部分，另一部分是产生动力、驱动车轮的发动机部分。拥有两个轮子的摩托车比汽车更敏捷灵巧，更适合在狭小的空间里通行。

摩托车主要的组成部件有安装于轮胎上的制动装置，吸收来自车轮的冲击力的悬挂装置，将车把的动作传递给车轮、控制行进方向的操纵装置

摩托车行进机制

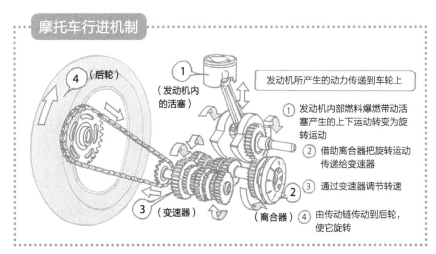

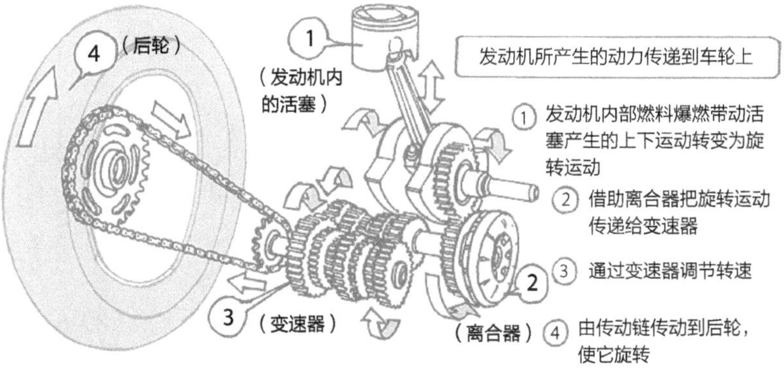

4（后轮）
1（发动机内的活塞）
发动机所产生的动力传递到车轮上
①发动机内部燃料爆燃带动活塞产生的上下运动转变为旋转运动
②借助离合器把旋转运动传递给变速器
③通过变速器调节转速
3（变速器）
2
（离合器）
④由传动链传动到后轮，使它旋转

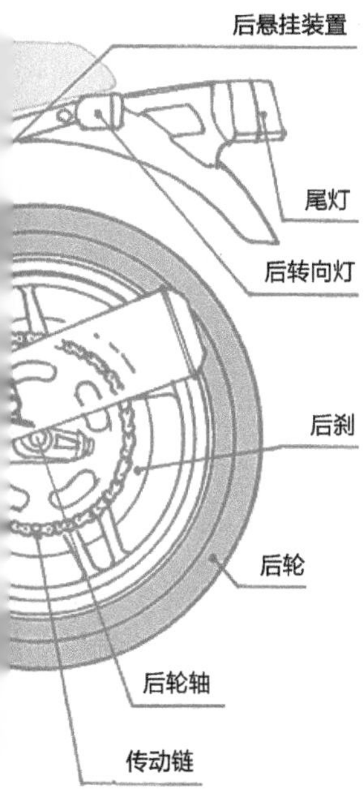

后悬挂装置
尾灯
后转向灯
后刹
后轮
后轮轴
传动链

有很多种类型的摩托车哦！
跑长距离的话还是这种大型的较好。
购物时，小型摩托车比较方便。
山路也能轻松应对。
我也想快点长大，就能骑摩托车了！

和存储汽油的油箱等。

让我们来了解摩托车是怎么跑起来的。首先，发动机里的汽油被点燃后所产生的动力被传递至变速器。变速器是由 5~6 组齿轮和车轴组成的传动装置。操作变速杆改变齿轮的啮合状态就能调整旋转速度，从而改变行进的速度。

接着通过传动链带动后轮旋转，摩托车就向前行驶了。

暖宝宝

好暖和 ~~~
热腾腾
热腾腾
好冷啊！
热腾腾
热腾腾
为什么把暖宝宝揉搓一下就会发热呢？！
秘密在这里！
铁
氧气
水
热量
热量
热量
热量
铁锈
因为铁被氧化时会放热！

一次性的暖宝宝是日本人发明的，如今风靡全世界，为人们取暖提供了便利。

把暖宝宝从外包装里取出后，稍微将内袋里的物质揉开，它就会开始慢慢发热。它的原理是利用了铁被氧化时会放热的性质。

当铁碰到水后放置在空气里，它会慢慢和空气中的氧气发生反应而生锈，这种反应称为氧化反应。铁、氧气和水遇到一起会发生氧化反应放出热量，暖宝宝正是靠这种热量变暖的。

暖宝宝里有铁粉、含水分的保水剂、无机盐和活性炭等。这些放在一

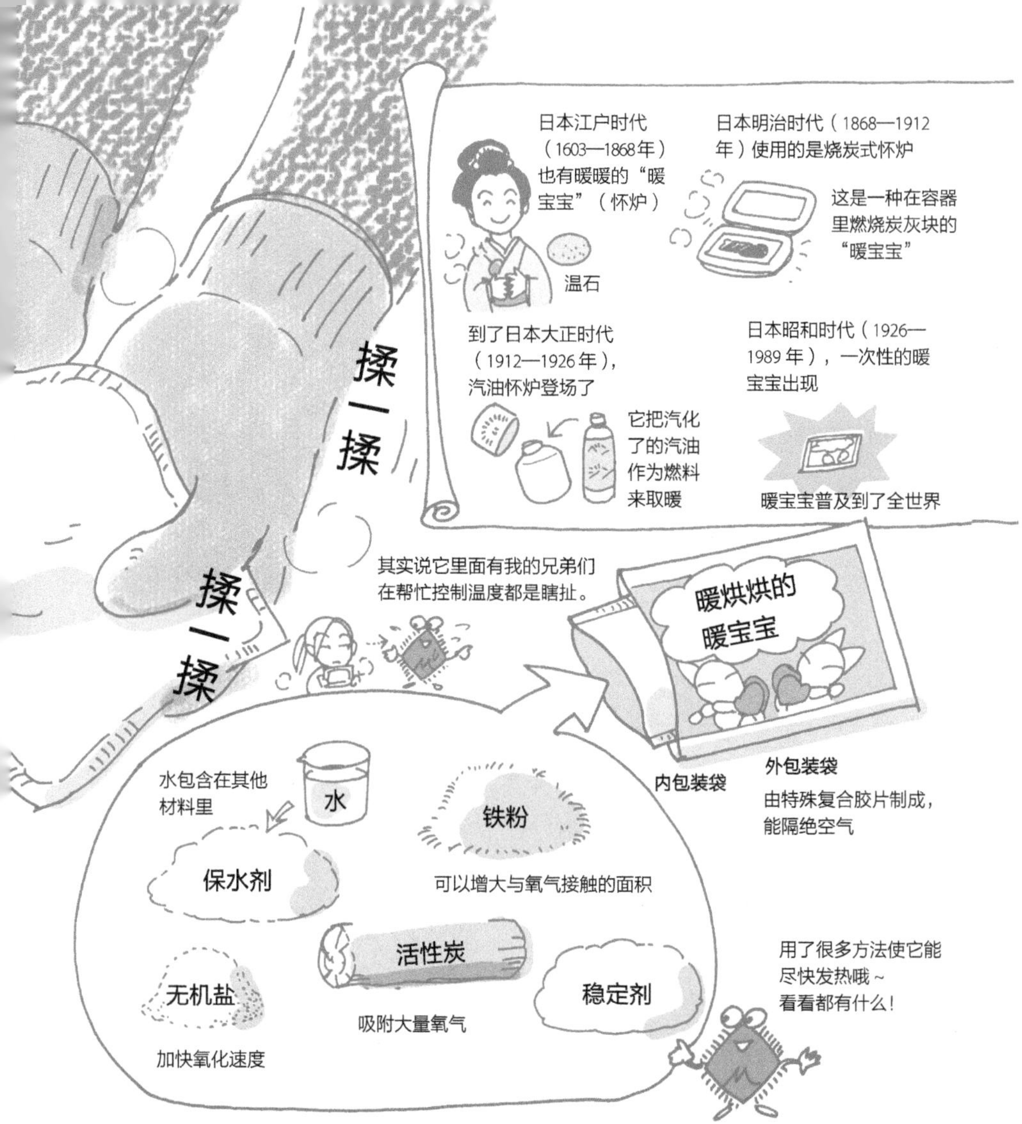
揉一揉
揉一揉
日本江户时代（1603—1868年）也有暖暖的“暖宝宝”（怀炉）
温石
日本明治时代（1868—1912年）使用的是烧炭式怀炉
这是一种在容器里燃烧炭灰块的“暖宝宝”
到了日本大正时代（1912—1926年），汽油怀炉登场了
它把汽化了的汽油作为燃料来取暖
日本昭和时代（1926—1989年），一次性的暖宝宝出现
暖宝宝普及到了全世界
其实说它里面有我的兄弟们在帮忙控制温度都是瞎扯。
暖烘烘的暖宝宝
内包装袋
外包装袋
由特殊复合胶片制成，能隔绝空气
水包含在其他材料里
水
保水剂
铁粉
可以增大与氧气接触的面积
活性炭
吸附大量氧气
无机盐
加快氧化速度
稳定剂
用了很多方法使它能尽快发热哦~看看都有什么！

起能加快氧化过程，使它迅速发热。

首先为了让铁作为主要成分能尽快发生反应，使用了铁粉，它的表面呈海绵状，能尽可能增大与氧气接触的面积。接着是用水，如果直接把水倒进去，暖宝宝的内袋就会变得湿湿的，所以将水和木屑等一起以保水剂的状态装入袋中。除此之外，加入无机盐是为了加快氧化过程，而活性炭可以吸附大量氧气。

暖宝宝的温度能达到大约40~50℃，可持续发热10个小时左右。

另外，如果暖宝宝的外包装袋没有破，里面是不会发生氧化反应而发热的。这是因为使用了特殊的复合胶片来制作外包装袋，使它能够隔绝空气。

方便面

在我们的日常生活中，无论何时何地都可以见到马上就能吃的速食食品或调料和饮料，比如稍微加热下即可使用的咖喱，倒入开水就能饮用的味噌汤和咖啡。此外还有罐头、鱼粉拌紫菜、冷冻食品等。这里给大家介绍下方便面。

方便面里藏着很多小秘密，使它做法简单却又不失美味。

首先是同时具有“包装材料”“锅”“餐具”三种作用的方便面的外盒。现在的外盒基本上都是纸制的。热水倒入这样的外盒里不易冷却，而用手拿着时也不会觉得烫，另外为了隔离外部环境里的湿气和气味等，纸盒的结构有5层之多。制作面条时，是把面条按一个人一餐的量放入模具中再盖上盖子进行油炸。油炸的面条浮起撞到盖子并不断把处于上方的面条顶上去，所以制作完成后，处于上方的面条之间比较紧密，下方的面条之间比较松散。

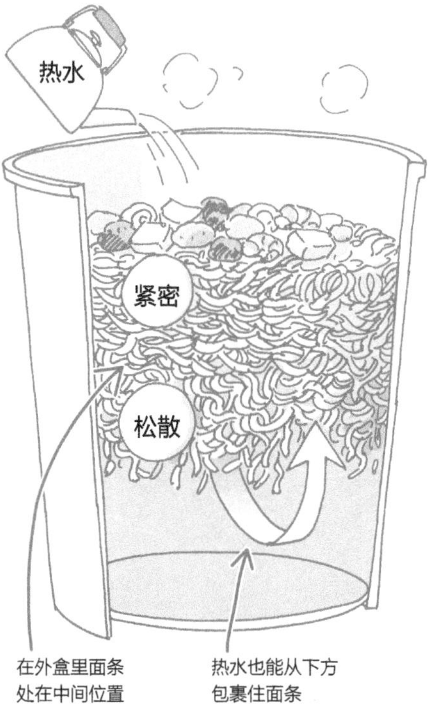
热水
紧密
松散
在外盒里面条
处在中间位置
热水也能从下方
包裹住面条

密封进外盒里的面条会处于盒子中间部位，上下都是空的。上页提到的面条上方紧密下方松散和这里面条所处的位置对于方便面来说都十分关键。往这样的面条里注入开水，面条才会充分泡开。

而且这样的面条还能加强外盒的强度，在运输过程中不必担心外盒会破损或者面条会折断。

制作方便面里的鸡蛋、虾和肉等配菜时采用了冷冻干燥法。因为冷冻干燥后的食物能保持住其营养成分和鲜味。

方便面的食材来自世界各地，时常有各种美味的方便面不断问世。

配菜是用冷冻干燥法制作的哦！

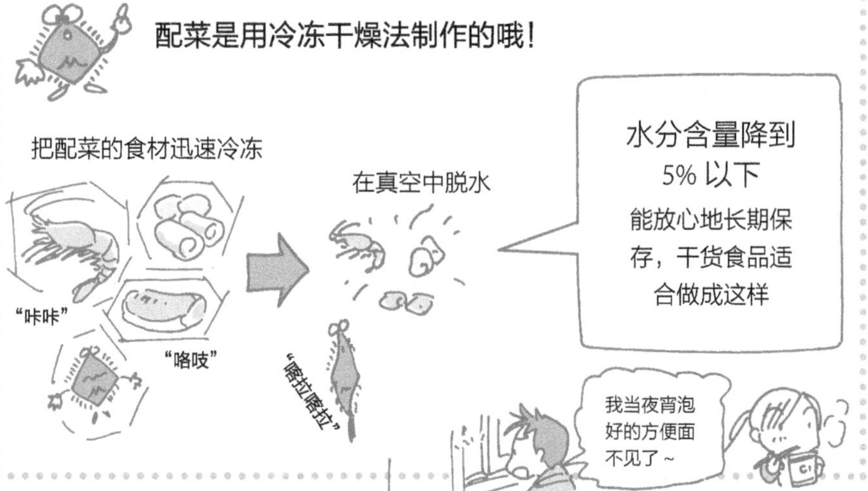
把配菜的食材迅速冷冻
"咔咔"
"咯吱"
在真空中脱水
"喀拉喀拉"
水分含量降到
5% 以下
能放心地长期保存，干货食品适合做成这样
我当夜宵泡好的方便面不见了~

救护车

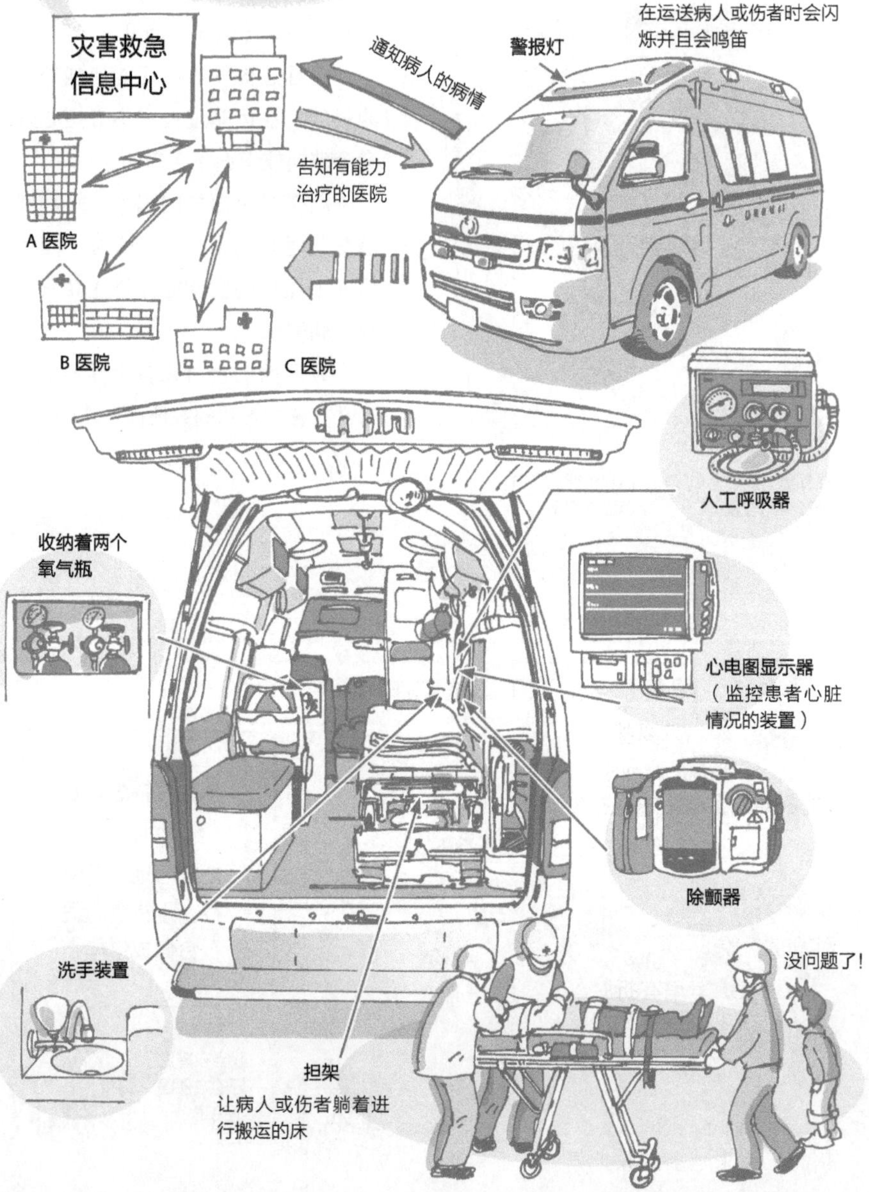
灾害救急
信息中心
通知病人的病情
告知有能力
治疗的医院
警报灯
在运送病人或伤者时会闪
烁并且会鸣笛
A 医院
B 医院
C 医院
人工呼吸器
收纳着两个
氧气瓶
心电图显示器
（监控患者心脏
情况的装置）
除颤器
洗手装置
没问题了！
担架
让病人或伤者躺着进
行搬运的床

发生大规模灾害，或出现很多伤
者或病人时出动
超级救护车
从它后面看
哇——
像医院
一样！
到了受灾现场，将车身向左右展
开就能搭起一个面积约 40 平方
米（8 张病床）的急救场所。
戴上氧气面罩
用心电图显示器查
看心脏的搏动状况
救护人员能够按
医生的指示采取
急救措施哦！
心肺复苏

在日本，只要拨打 119，救护车就会在 5 分钟左右到达。在大城市里，有平时收集医院信息的灾害救急信息中心。只要把患者的病情告知中心，他们就能帮忙通知到能尽快进行适当处理的医院。

在救护车里有折叠式的、脚上装着轮子的床，可以让受伤或者生病的人躺着进行搬运。

如今为了能尽快实施一些急救措施，越来越多的救护车上还配备了人工呼吸器、心电图显示器以及对心脏进行电击时使用的除颤器等。在这些救护车里还有能进行紧急治疗的救护人员，他们除了能对病人进行电击和输液等治疗措施外，还能对存在呼吸困难的病人进行气管插管等操作。所以这样的救护车与普通的救护车相比，内部空间更宽敞，车顶也能打开，可以达到适合作业的高度。这种高规格的救护车简直可以称为移动急诊室了吧。

二维码

最近确实常看到……
这是什么呀？
吃饭就中奖！
熊猫猫餐厅
为 1000 名顾客各准备了一份礼物
这叫作“二维码”，在这小正方形里集合了很多信息呢！
二维码
这个方向存储着信息
因为有了三个◘，所以不管从哪个方向都能读取哦！
这个方向也存储着信息
和条形码不一样吗？
哇~
因为无论纵向还是横向都存储着信息，所以叫作“二维码”
条形码只能在横向上存储信息，因此属于“一维码”
条形码
这个方向没有存储信息
1 101151 171195
这个方向存储着信息

★ 二维码里的信息量是条形码的几十倍～几百倍！

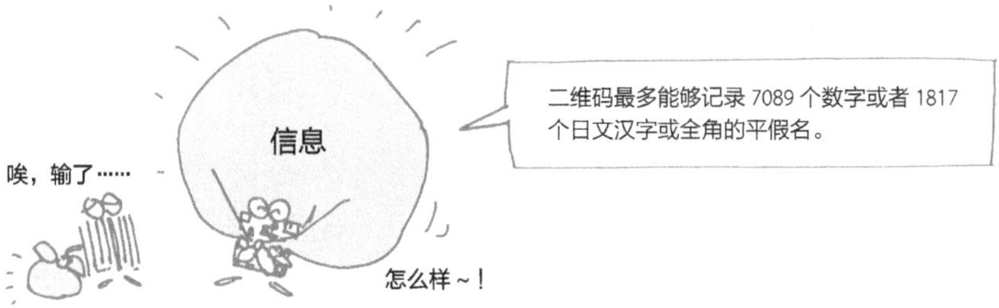
信息
唉，输了……
怎么样～！
二维码最多能够记录 7089 个数字或者 1817 个日文汉字或全角的平假名。

★ 只要很小的空间就可以！

“噔噔！”
和条形码同信息量的话，二维码只需要 1/10 的空间就可以。

★ 能用手机读取

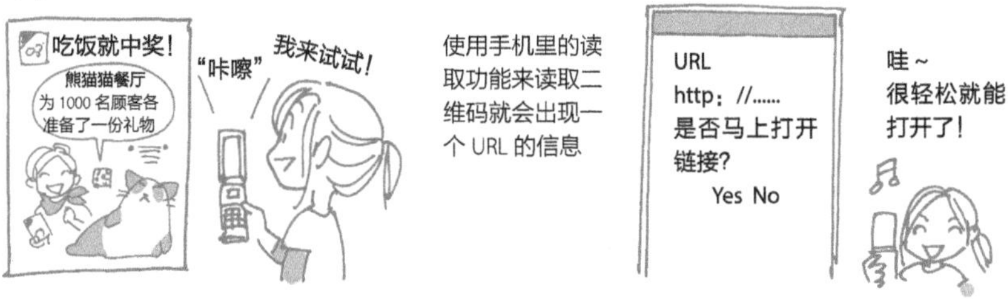
吃饭就中奖！
熊猫猫餐厅
为 1000 名顾客各准备了一份礼物
“咔嚓”
我来试试！
使用手机里的读取功能来读取二维码就会出现一个 URL 的信息
URL
http：//……
是否马上打开链接？
Yes No
哇～
很轻松就能打开了！

大家有没有在杂志等印刷品上见到正方形黑白花纹的标记呢？这就是二维码。

二维码的英文是“Quick Response Code”，也就是说二维码就是一种能很快对它进行读取的代码。

使用手机里的读取功能或者专用的读取器等对它进行读取，就能很快看到记录在这个代码里的信息。

二维码是由条形码进化而来的，是 1994 年日本发明的。

附在便利店或超市等地商品上的条形码属于一维代码，所以只能存储横向的信息。

而二维码拥有横向和纵向两个方向的信息，所以说它是二维代码。

二维码上能记录的片假名、汉字、平假名、英文、数字和符号等信息的数量是条形码的几十倍乃至几百倍。

起重机

在建筑工地上能看到起重机把钢筋之类的重物抬到高处或移动到别处。大型起重机能吊起 100 吨以上的物体。

起重机能抬起重物是因为它利用了滑轮。

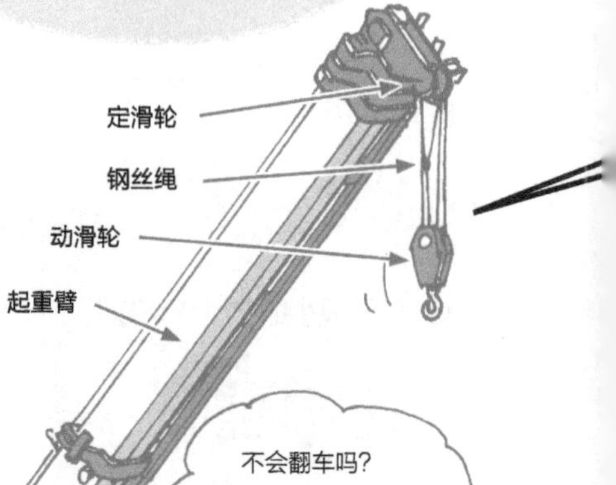
定滑轮
钢丝绳
动滑轮
起重臂

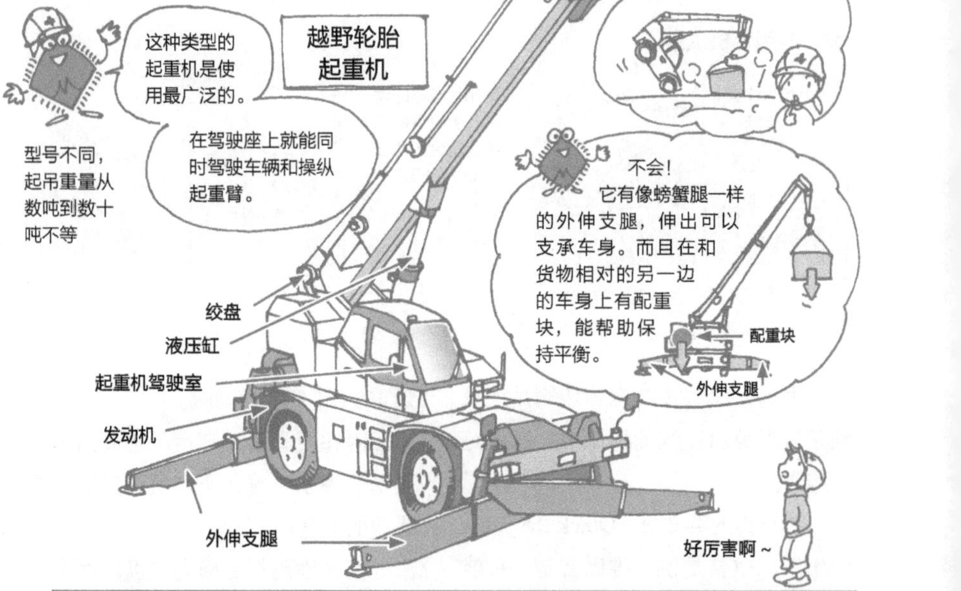
这种类型的起重机是使用最广泛的。
越野轮胎起重机
型号不同，起吊重量从数吨到数十吨不等
在驾驶座上就能同时驾驶车辆和操纵起重臂。
不会翻车吗？
不会！
它有像螃蟹腿一样的外伸支腿，伸出可以支承车身。而且在和货物相对的另一边的车身上有配重块，能帮助保持平衡。
配重块
外伸支腿
绞盘
液压缸
起重机驾驶室
发动机
外伸支腿
好厉害啊～

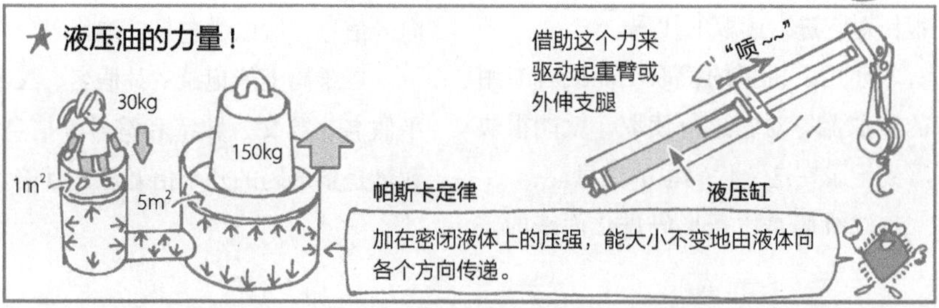
★ 液压油的力量！
30kg
150kg
1m²
5m²
帕斯卡定律
加在密闭液体上的压强，能大小不变地由液体向各个方向传递。
借助这个力来驱动起重臂或外伸支腿
“喷～～”
液压缸

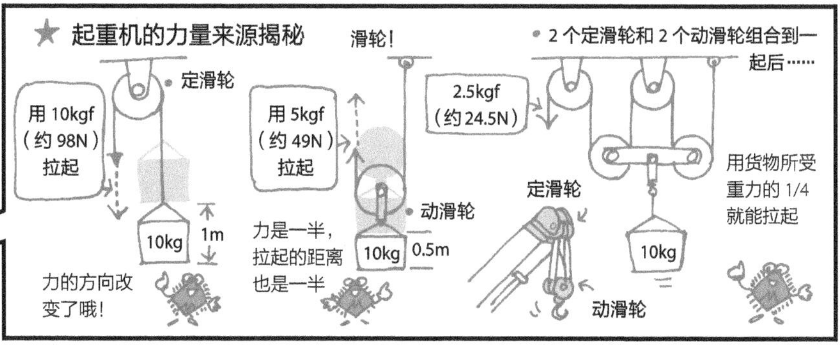
★ 起重机的力量来源揭秘
定滑轮
用 10kgf（约 98N）拉起
10kg
1m
力的方向改变了哦！
滑轮！
用 5kgf（约 49N）拉起
动滑轮
10kg
0.5m
力是一半，拉起的距离也是一半
• 2 个定滑轮和 2 个动滑轮组合到一起后……
2.5kgf（约 24.5N）
定滑轮
动滑轮
10kg
用货物所受重力的 1/4 就能拉起

滑轮分为定滑轮和动滑轮。轴的位置固定不动的就是定滑轮。使用定滑轮吊起重物需要在绳子的一端系住货物，然后牵拉另一端。定滑轮的特点是拉力与货物的重力相等，牵拉的距离和物体上升的距离相同。

而动滑轮，它的轴不是固定不动的，可以随着滑轮自身上下运动。虽然使用它来吊起货物时牵拉绳子的用力方向和货物吊起的方向相同，但无论是吊起的距离或是使用的力都是用定滑轮吊起同样的货物时所需的一半。

在大型起重机上，将多个定滑轮和多个动滑轮组合到一起，这样的话，只需很小的力就能吊起很重的货物了。比方说，把 2 个定滑轮和 2 个动滑轮组合起来使用的话，只要货物所受重力的 1/4 就能把这个货物吊起来。

为了让起重机对高处或者远处的货物进行作业，起重机上还安装了类似能伸缩的手臂一样的“起重臂”。

另外，在起重机车身的前方和后方还分别有像两条腿一样支承着起重机的“外伸支腿”，它能让起重机在吊起重物时保持自身平衡，防止翻车。

不过承载重物的起重臂和外伸支腿，它们本身也是很重的物体。因此需要利用呈两层套筒状的液压缸来提供动力，使它们能自由移动。随着液压缸的伸缩，用很小的力就能驱动沉重的起重臂。它的工作原理是应用了科学家帕斯卡所发现的液体能传递压力的性质（帕斯卡定律）。

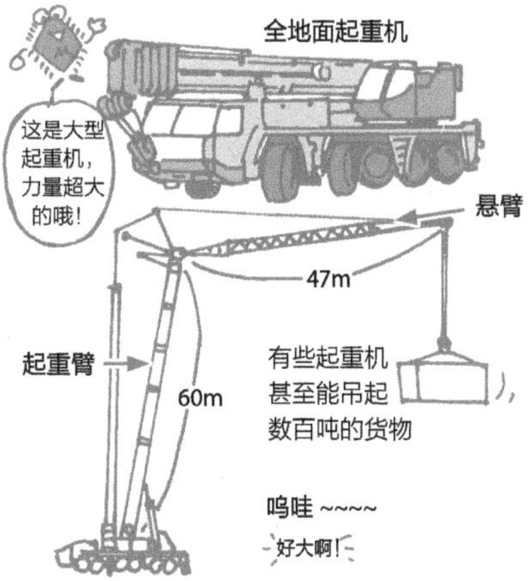
全地面起重机
这是大型起重机，力量超大的哦！
悬臂
47m
起重臂
60m
有些起重机甚至能吊起数百吨的货物
呜哇 ~~~~
好大啊！

橡皮

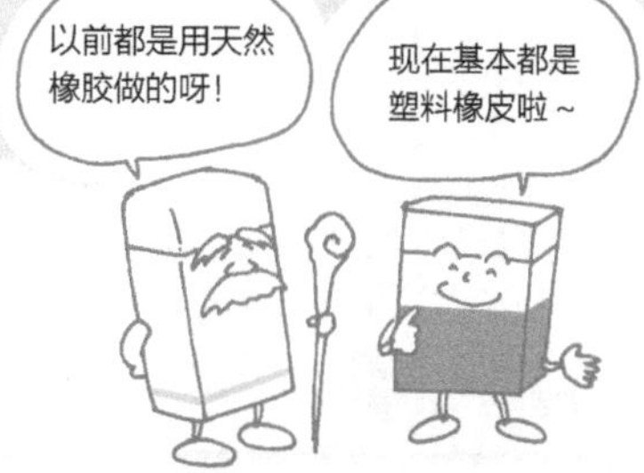
以前都是用天然橡胶做的呀！
现在基本都是塑料橡皮啦～

最开始橡皮都是用橡胶制成的，但现在的橡皮几乎都是用塑料制成的。通常，塑料橡皮的原材料是聚氯乙烯、增塑剂和陶瓷粉末。

橡皮之所以能把字擦掉，是因为它里面的增塑剂会吸附铅笔或自动铅笔所含成分里的石墨，然后聚氯乙烯会把变黑了的增塑剂包裹住一起从纸上带走。

另外，陶瓷粉末起到了把纸张的表面削薄使字迹更容易消失的作用。

要制作橡皮，首先需要把作为原材料的聚氯乙烯、增塑剂和陶瓷粉末一并放入一台叫作搅拌机的机器里充分搅拌，让它们混合均匀。

然后再倒入橡皮的模具里，在温度为 120~130℃的干燥机里加热使它干燥，这样聚氯乙烯就会凝固。

这时，随着温度、加热时间等设置的不同，会使聚氯乙烯的形状和强度发生不同程度的改变。加热时间过长的话，橡皮就会变得不像橡皮，而是像塑料软管表面那样，摸起来滑滑的。

最后，把凝固了的橡皮切割成所需的大小，全部的制作就大功告成了。

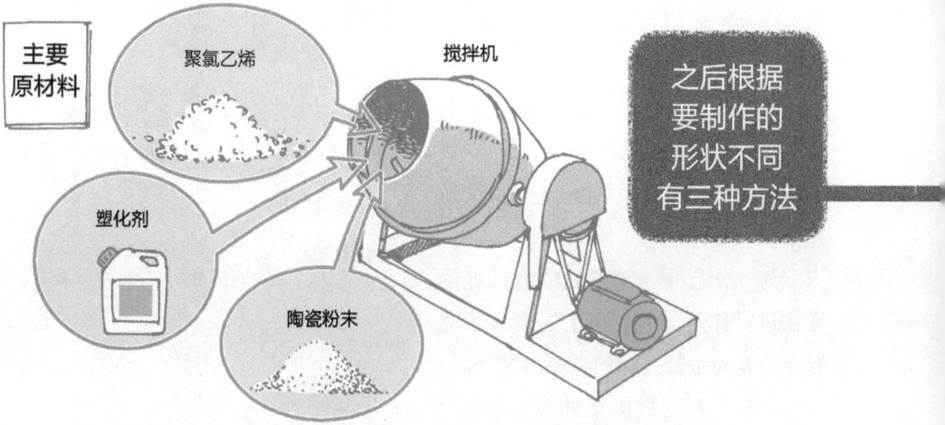
主要原材料
聚氯乙烯
塑化剂
陶瓷粉末
搅拌机
之后根据要制作的形状不同有三种方法

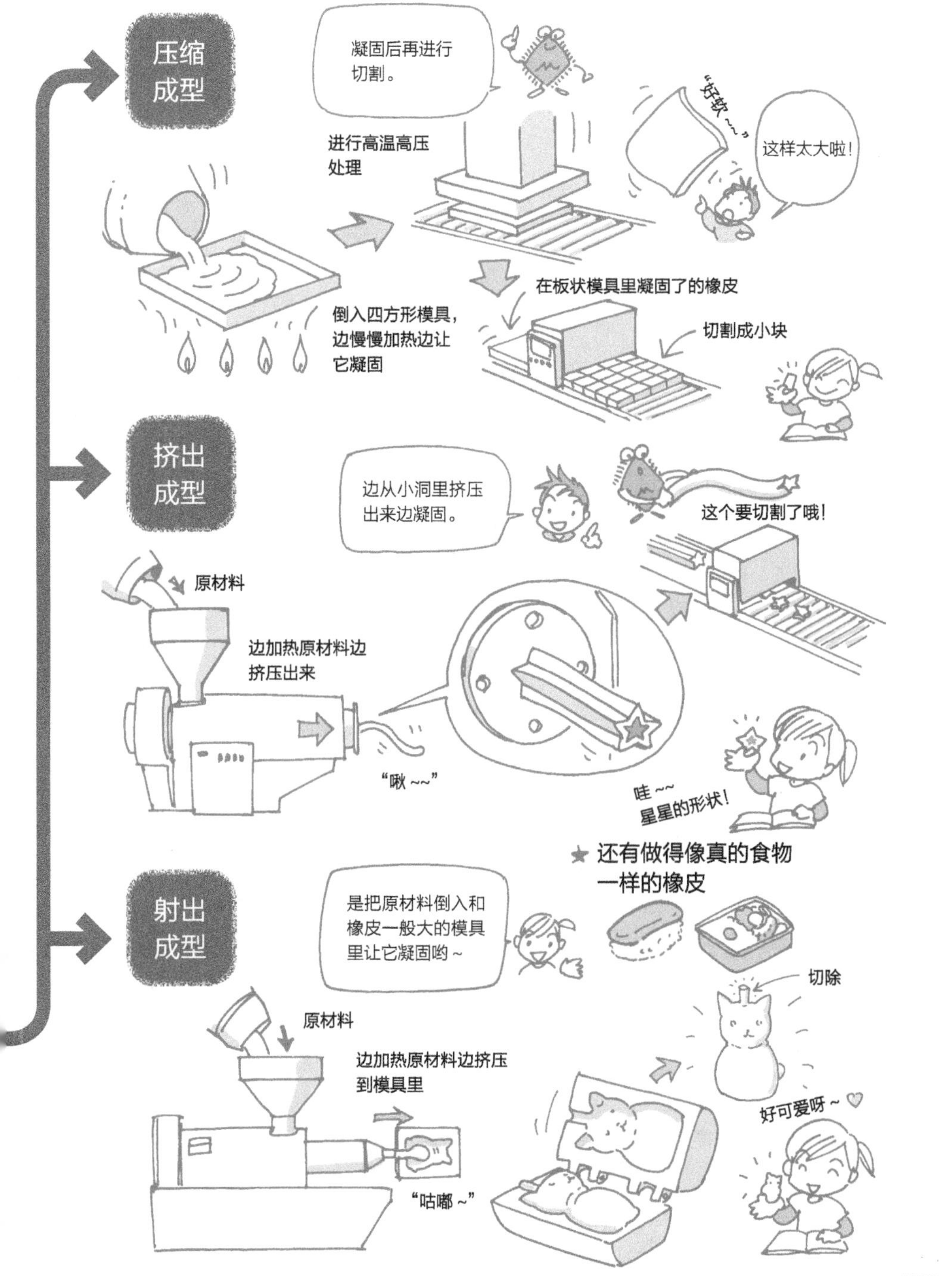
压缩成型
凝固后再进行切割。
进行高温高压处理
“好软~~”
这样太大啦！
倒入四方形模具，边慢慢加热边让它凝固
在板状模具里凝固了的橡皮
切割成小块
挤出成型
边从小洞里挤压出来边凝固。
这个要切割了哦！
原材料
边加热原材料边挤压出来
“啾~~”
哇~~星星的形状！
★还有做得像真的食物一样的橡皮
射出成型
是把原材料倒入和橡皮一般大的模具里让它凝固哟~
原材料
边加热原材料边挤压到模具里
“咕嘟~”
切除
好可爱呀~♡

CD、DVD、蓝光光碟

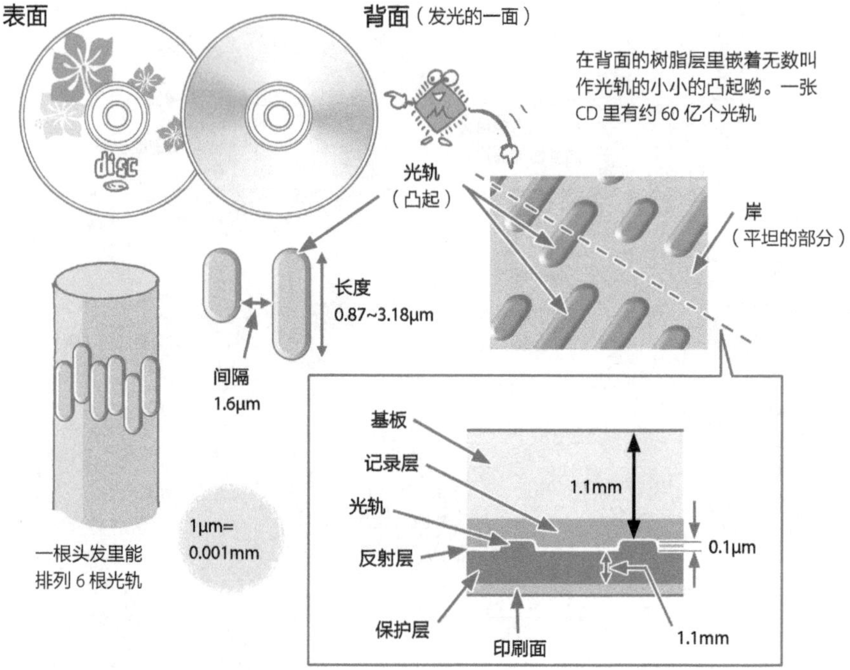

在直径12mm或8mm、厚度1.2mm、圆盘状的CD、DVD、蓝光光碟里其实分了好多层。

接下来就让我们来了解一下CD、DVD、蓝光光碟的断面吧。从最表面的一层开始分别是印刷标题等内容的印刷面，接着是保护层，用铝膜制成能反射光线、具有镜面效果的反射层，还有记录着信息的记录层以及用聚碳酸酯制成的基板。

其中记录层距离印刷面0.1mm。它上面卷曲地嵌着很多小得肉眼看不见的刻痕——光轨，这些光轨记录着影像或声音的信息。

在CD、DVD、蓝光光碟上，影像或声音全都变成了或“0”或“1”的数字信号，通过光轨的“有”“无”和互相之间间隔的距离来记录内容。

CD播放器的工作机制

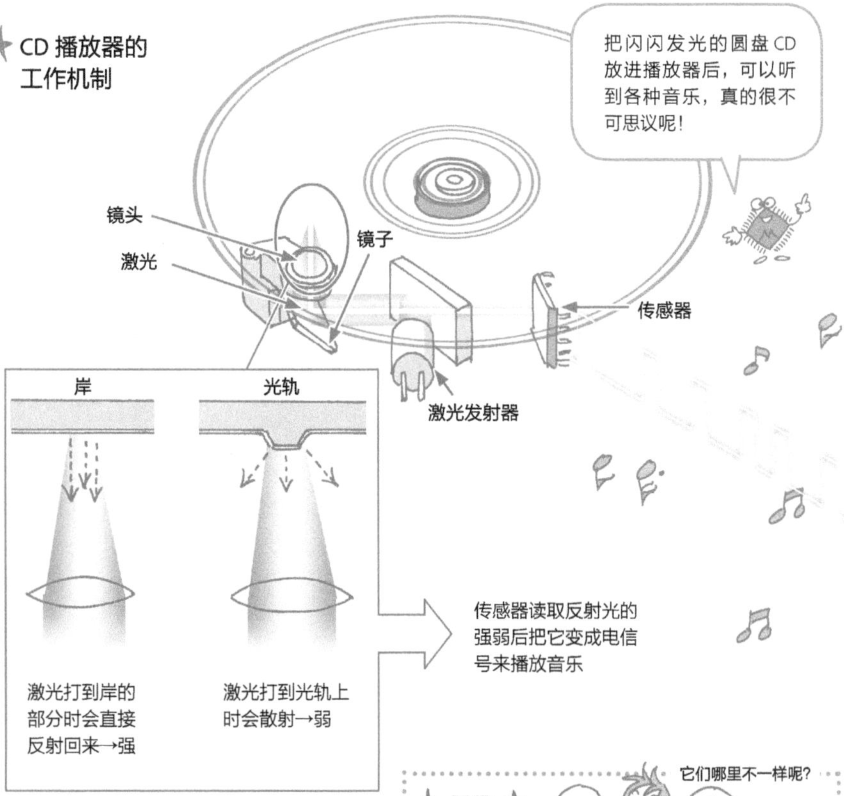
把闪闪发光的圆盘CD放进播放器后，可以听到各种音乐，真的很不可思议呢！
镜头
激光
镜子
传感器
激光发射器
岸
光轨
激光打到岸的部分时会直接反射回来→强
激光打到光轨上时会散射→弱
传感器读取反射光的强弱后把它变成电信号来播放音乐

把光碟上所记录的影像和声音播放出来时，播放器会朝光碟的背面打出一束激光来读取影像和声音信息。当激光打到有光轨的地方时反射光会变弱，而打在没有光轨的地方（岸）时反射光会变强。播放器就是把光线反射回来的状态转变成电信号来再现影像和声音的。由于不需要接触就能传递信号，所以影像和声音能被清晰地再现，不会有杂音或闪烁。

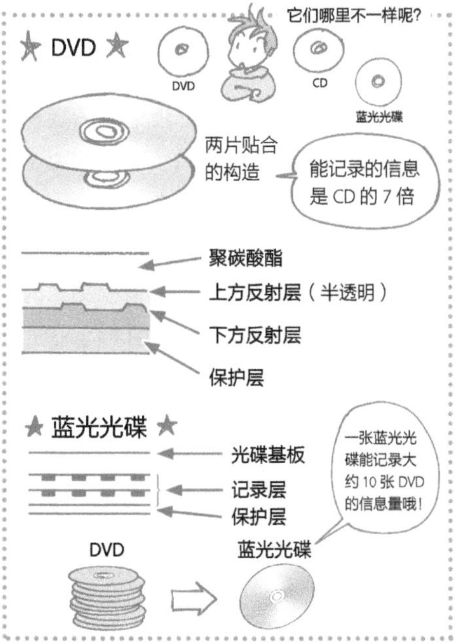
它们哪里不一样呢？
DVD
DVD
CD
蓝光光碟
两片贴合的构造
能记录的信息是CD的7倍
聚碳酸酯
上方反射层（半透明）
下方反射层
保护层
蓝光光碟
光碟基板
记录层
保护层
一张蓝光光碟能记录大约10张DVD的信息量哦！
DVD
蓝光光碟

自行车

哎呀~~~
哎呀~~
好危险啊~
晃
晃
停着的自行车
倒下
只有自行车在前进
倒下
因为骑车人能很好地把握平衡，所以不会倒。
有种机器人可以掌控平衡骑自行车呢！

自行车是一种很好地借助踏板和人类自身平衡感的交通工具。据说竞技用的自行车时速能超过 70km。

自行车大致包括五个部分：接受来自脚的力量的踏板；把踏板受到的力传递到后轮的链条；使自行车行进的两个车轮；改变方向的车把；支撑起整体结构的车架。

当人骑在自行车上蹬动踏板时，就会带动连接踏板的链轮转动。这个转动通过链条传递到后轮，让自行车的后轮转动起来。同时，前轮被后轮推着也转动起来。

要使自行车停下来，需要制动。只要压下位于车把左右的控制杆，制动块就会夹住轮毂阻止车轮转动。

而人在骑自行车时之所以能边保持平衡边持续行进不会倒下，是因为人能够下意识地找到左右的平衡点，维持平衡。

根据行进的道路状况，有些自行车可以改变链轮的啮合组合（换档）。尤其在上坡或起动时，将后轮换档到大链轮，可以更省力。

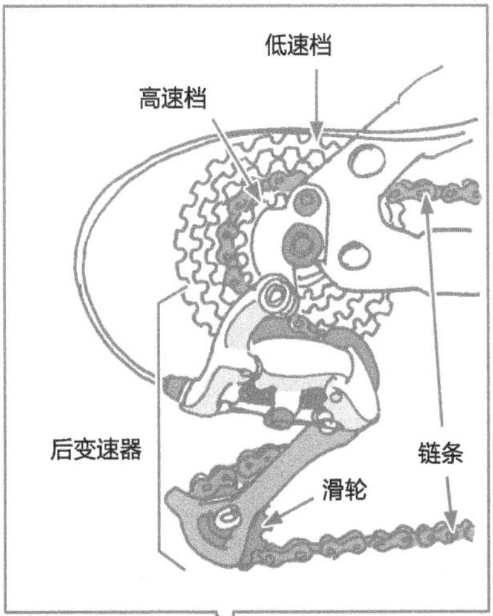

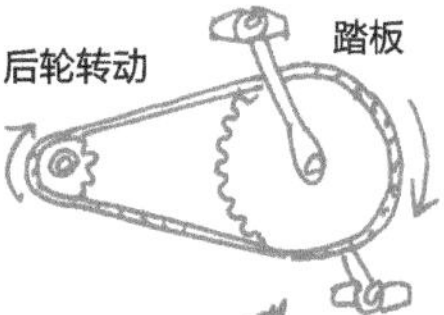

比脚蹬踏板转速快很多倍的转动会传递到后轮，因此自行车能够快速行进

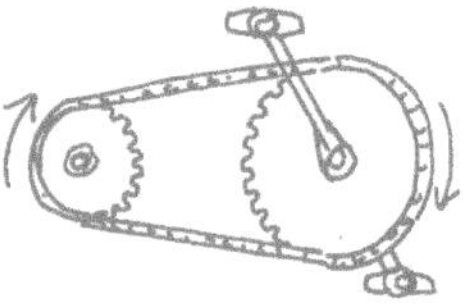

上坡时把后轮换档到大链轮上，就能骑得更轻松

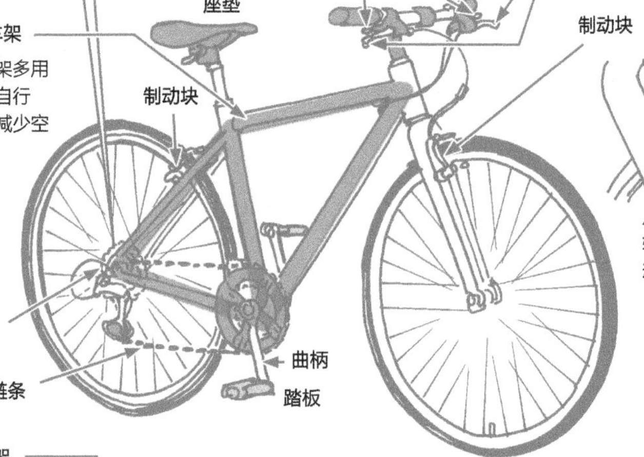

钻石车架多用于运动自行车，能减少空气阻力

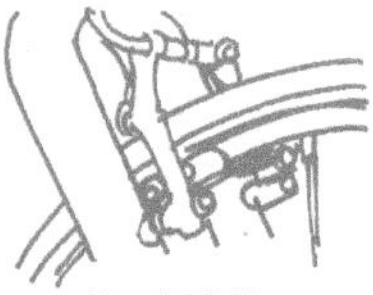

从两侧夹住轮毂，使转动停止

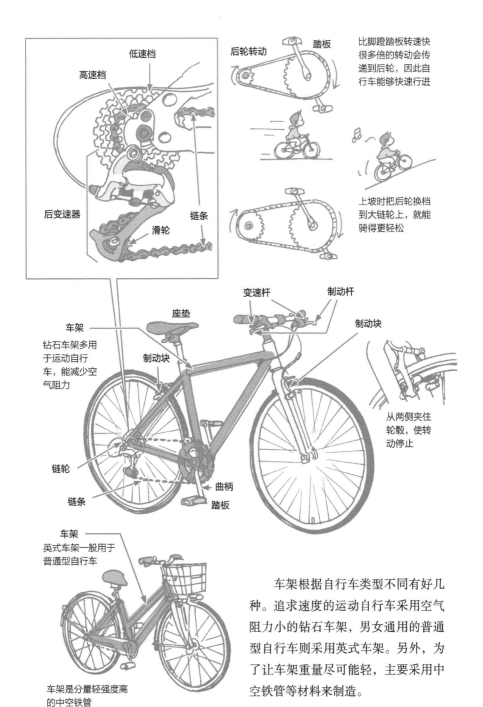

英式车架一般用于普通型自行车

车架是分量轻强度高的中空铁管

车架根据自行车类型不同有好几种。追求速度的运动自行车采用空气阻力小的钻石车架，男女通用的普通型自行车则采用英式车架。另外，为了让车架重量尽可能轻，主要采用中空铁管等材料来制造。

自动检票机

有卡的人和……
带钱包、
手机的人。
还有拿着车票
的人呢！
如果什么都不
带就想要通过
的话……
滴
滴
哇

设置在地铁闸口处的自动检票机，即使每天有很多人排队进站，它也能迅速正确检票，让人们顺利通过。

入口处的自动检票机设置着投入车票等乘车券的检票口和识别 IC 卡的检测器。

把车票投入检票口后，通过里面的读取装置，车票会从取票口里出来。车票背面的黑色磁条记录着始发站、金额、日期、时间等信息。读取装置读取信息后，如果信息正确，就会在车票上打上孔并从取票口送出。

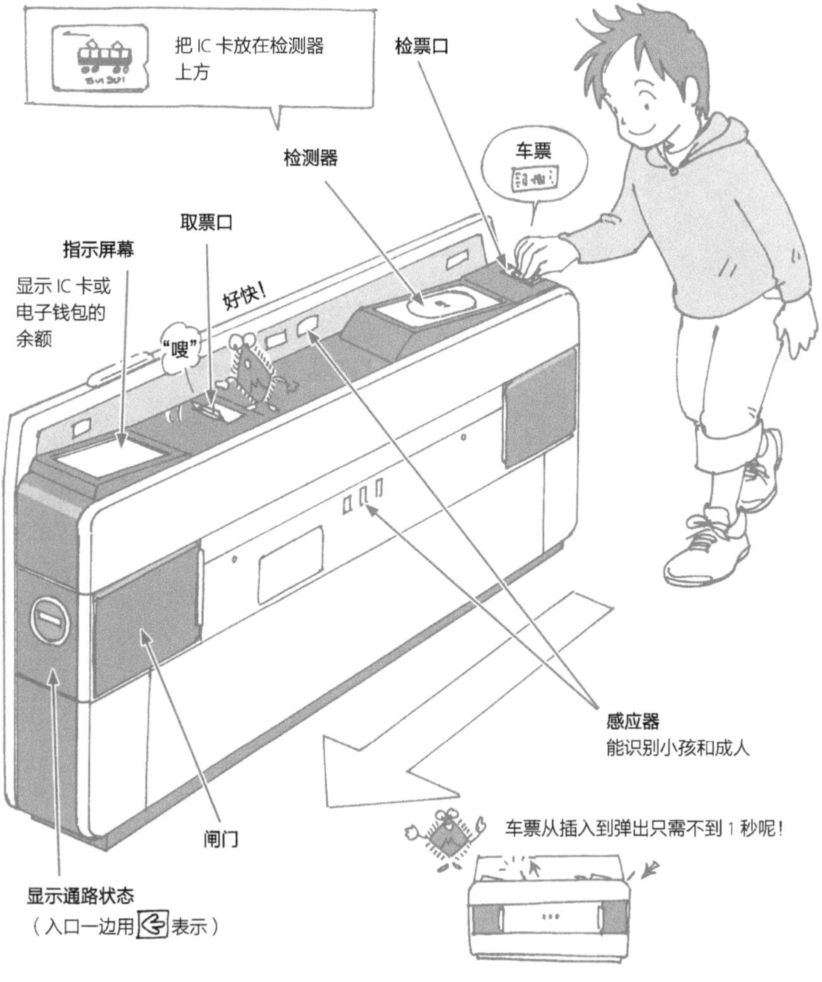

把 IC 卡放在检测器上方
检票口
车票
检测器
取票口
指示屏幕
显示 IC 卡或电子钱包的余额
好快!
"嗖"
感应器
能识别小孩和成人
车票从插入到弹出只需不到 1 秒呢!
闸门
显示通路状态
（入口一边用 表示）

IC 卡通过自动检票机时，需要把 IC 卡放在检测器上方，这样检测器和 IC 卡芯片之间就会进行金额等信息的交流。

自动检票机仅需约 0.6 秒就能处理一个人次的检测，即使在高峰时间也只需 1 分钟就能让大概 80 个人顺利通过。

除此之外，入口处的自动检票机还安装有识别通行乘客的感应器，当有人未使用乘车券或 IC 卡却试图通过检票口时，它就会关闭闸门阻止通行。

汽车

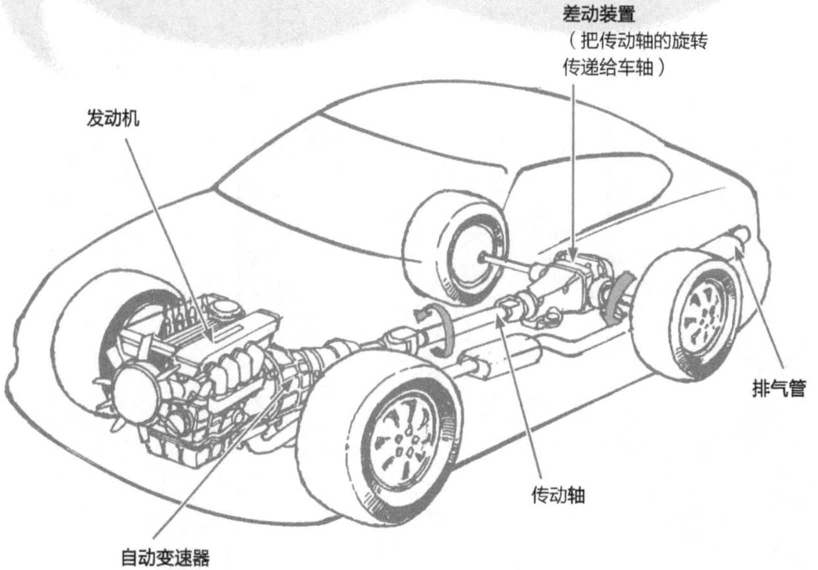

汽车是由汽油、轻油或电力为发动机提供动能进而驱动车轮旋转行进的。

在以汽油为燃料的发动机里，反复发生着燃烧，从而产生热能，然后转化为机械能。

这种燃烧是由汽油和从外部吸入的空气形成的混合气体在一个叫作气缸的小型筒状物中被压缩点燃后发生的。

混合气体燃烧产生高温高压气体，推动气缸里的活塞以每分钟数千次的速度反复上下运动，于是便产生了驱动汽车行进的动力。而燃烧产生的废气通过排气管排放到汽车外部。

活塞上下运动产生的动力借由曲轴转变为旋转运动传递到车轮。在这个过程中，离合器、变速器等装置起到了非常关键的作用。

离合器是把发动机的旋转运动传递到变速器或切断这种传递的一种装置。变速器是根据车辆或停止或行进或倒退等的需求，对发动机的转速进行调节的变速装置（更换变速装置的齿轮）。自动档汽车是采用自动变速

★四冲程发动机的工作原理

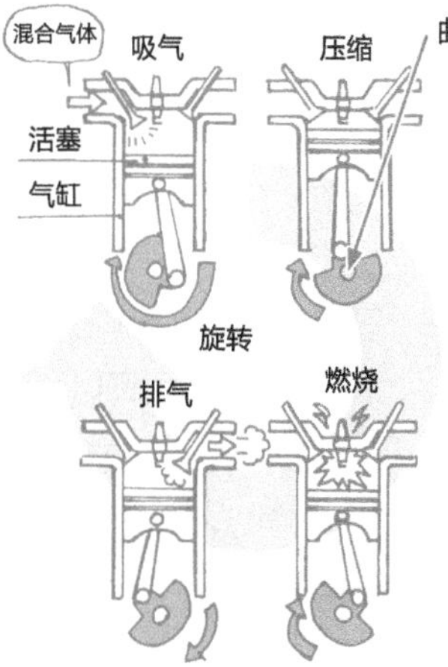

把活塞的上下运动转变成旋转运动。
① 吸入混合气体（空气和汽油）。
② 压缩混合气体。
③ 混合气体燃烧所产生的压力把活塞压下去使曲轴旋转。
④ 活塞向上运动时把废气挤压出去。

★自动变速器

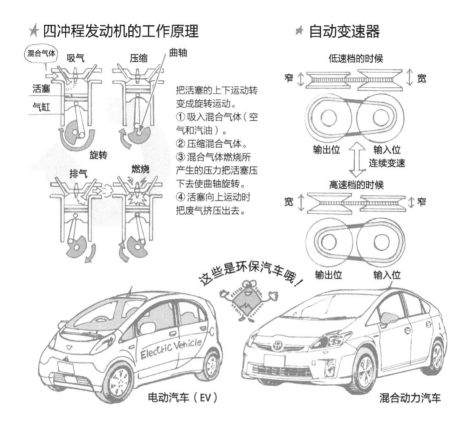

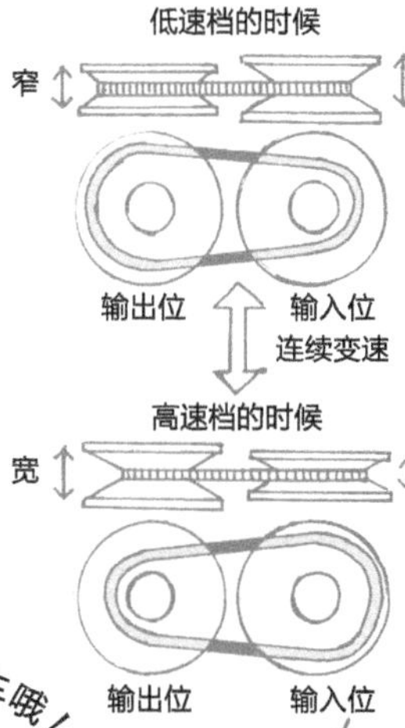

电动汽车（EV）　　混合动力汽车

器调节车速的汽车，因此不需要手动换档，驾驶方法更简单。

汽车的速度和行进方向由驾驶座上的驾驶员来控制。在驾驶座前方安装着调节汽车速度的加速踏板，减速或停车时需要的制动踏板，改变方向的方向盘和显示速度或者剩余汽油量的仪表以及电气、空调等各种各样的装置。

此外，为了让驾驶汽车更安全舒适，还专门采用了只需很小的力就可以让方向盘旋转的动力转向装置，并精心设计安装了在遭遇事故发生碰撞时能减小冲击的安全气囊等。

以汽油为燃料的汽车所排出的废气会污染空气，给地球生态环境造成恶劣影响。因此，最近采用电动机作为动力来源的电动汽车或者把汽油发动机和电动机组合起来作为动力来源的混合动力汽车等环保车辆变得越来越多了。

自动感应门

"叮~~~咚"
芝麻！
开门~
咦，暗语是
什么呀？
阿里巴巴
阿里巴巴呀，这门上有各种传感器能
感知到人的动作，控制着门的开关，
所以不需要暗语呢！

人一走近就会打开，一离开就会关闭的自动感应门，是在门上安装了能感知到有人走近了的传感器。

当人靠近门时，传感器就会向控制系统发送信号。于是位于门上方的电动机就会旋转，并通过减速器驱动移门滑轮，接着移门滑轮会带动传动链运动。最后随着传动链的牵引，门就自动打开了。

然后，在人通过后不久，门就会自动关闭。当门开关时，控制系统也同时发挥作用以确保门的开关不至于太过猛烈。

门上安装的传感器有压力传感器、光电传感器和红外传感器等。

压力传感器被设置在门前的垫子里，当人踩到垫子上时就会发送开门信号。

现在最常用的是光电传感器。它被安装在门的上方，会发射红外线。当红外线遇到地板时会发生散射，但其中一部分红外线会反射回传感器。当门前有人站着时，反射回来的红外线的量会发生变化，于是传感器便能

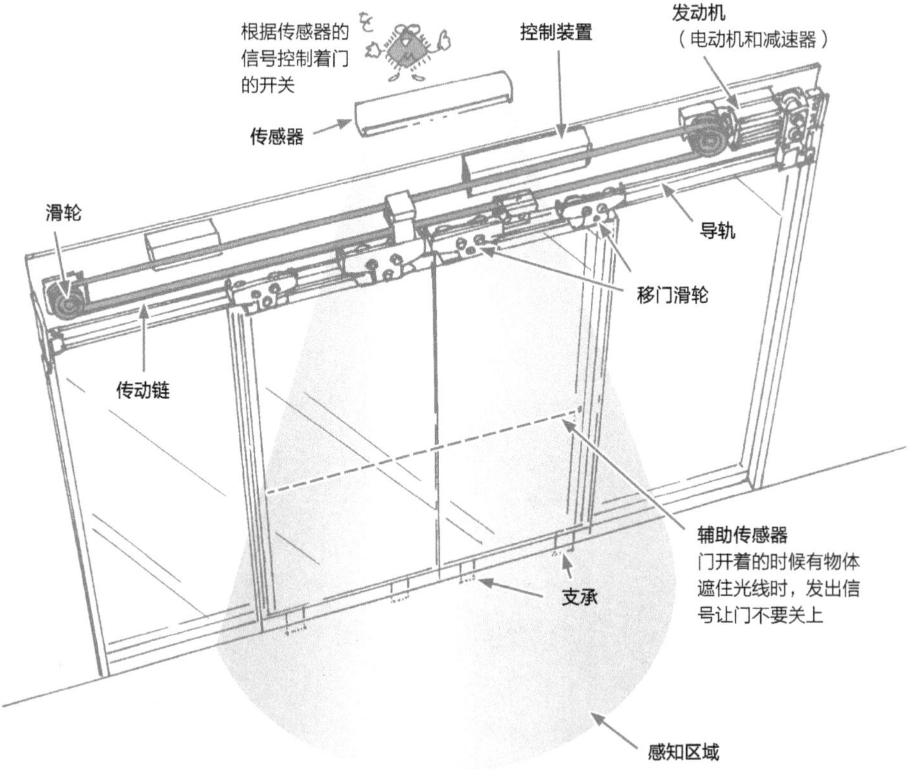
根据传感器的
信号控制着门
的开关
控制装置
发动机
（电动机和减速器）
传感器
滑轮
导轨
移门滑轮
传动链
辅助传感器
门开着的时候有物体
遮住光线时，发出信
号让门不要关上
支承
感知区域

★ 各种传感器

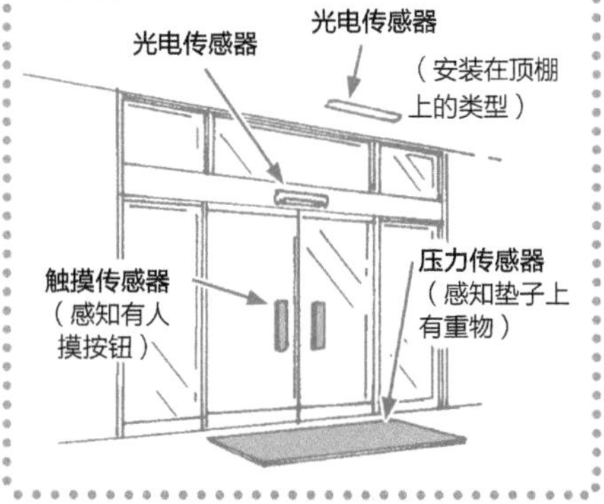
光电传感器
光电传感器
（安装在顶棚
上的类型）
触摸传感器
（感知有人
摸按钮）
压力传感器
（感知垫子上
有重物）

★ 在雪国

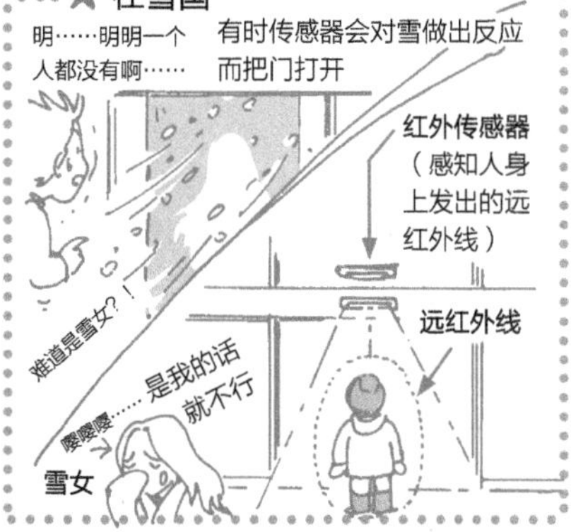
明……明明一个
人都没有啊……
有时传感器会对雪做出反应
而把门打开
红外传感器
（感知人身
上发出的远
红外线）
远红外线
难道是雪女？！
嘤嘤嘤……是我的话
就不行
雪女

根据这一变化感知到有人靠近而发送开门信号了。

不过在下雪很频繁的地方，有时传感器会感知到飞舞的雪花而误开门。因此这些地方就会使用能感知人身上发出的远红外线的红外传感器来控制。

消防车

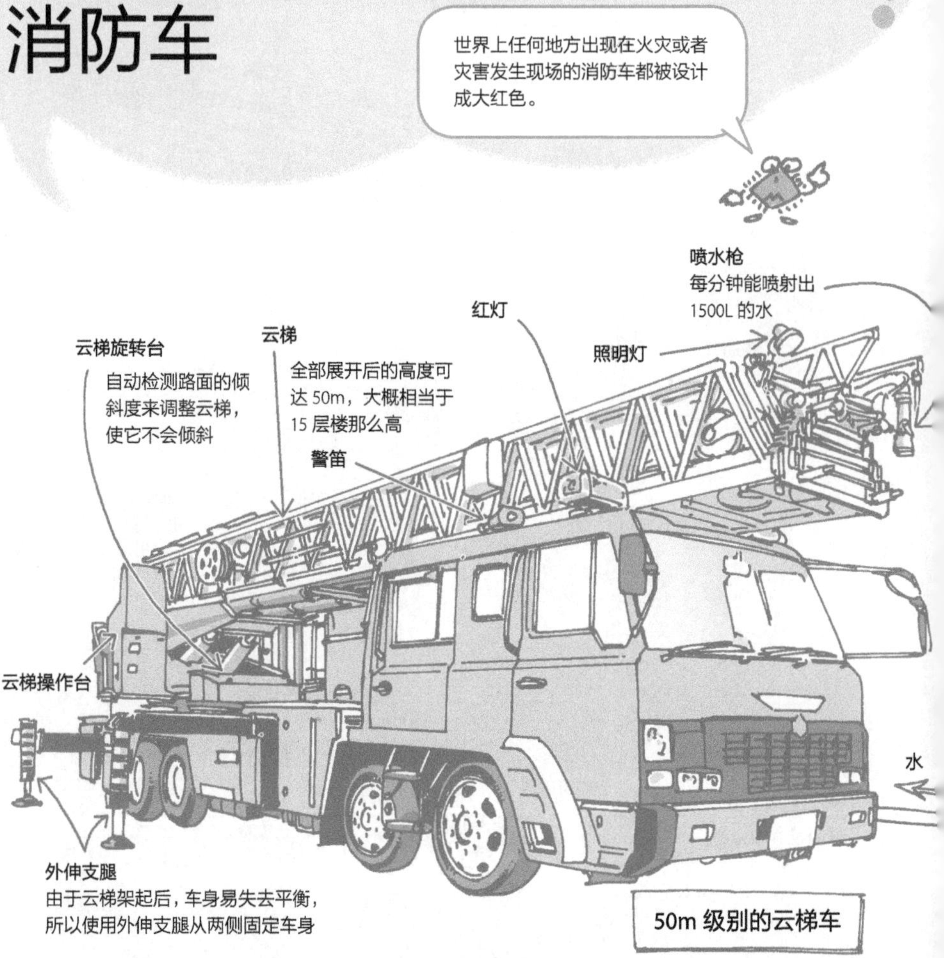
世界上任何地方出现在火灾或者灾害发生现场的消防车都被设计成大红色。
喷水枪
每分钟能喷射出1500L 的水
红灯
照明灯
云梯
全部展开后的高度可达 50m，大概相当于15 层楼那么高
云梯旋转台
自动检测路面的倾斜度来调整云梯，使它不会倾斜
警笛
云梯操作台
水
外伸支腿
由于云梯架起后，车身易失去平衡，所以使用外伸支腿从两侧固定车身
50m 级别的云梯车

说起消防车，我们马上就会想到云梯车，此外还有能抽水的水泵车，在工厂火灾等无法用水扑灭火情时常出现的化学洗消消防车，在火灾现场边喷水边救人的耐热救援车，以及活跃在森林火灾现场的森林消防车等各种车辆。为了能够应对各种灾害，消防车每天都进行检验和训练。

下面我们来了解一下消防车的代表——云梯车的工作原理。云梯车有各种长度，而且云梯通常都是收起来的，但一旦展开，高度可达约 10m，特别高的能达到 50m 左右。此外与地面之间的倾斜角度能达到约 70°。由

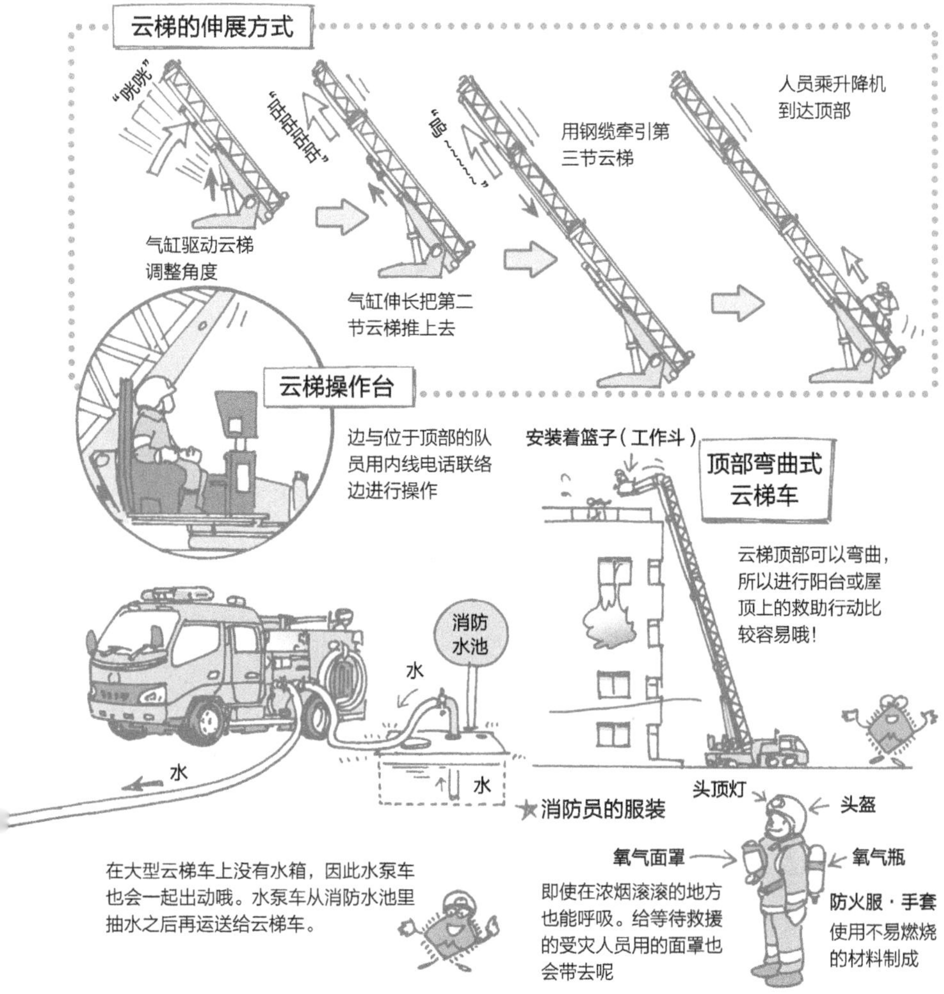
云梯的伸展方式
“咣咣”
气缸驱动云梯
调整角度
“咕咕咕咕”
气缸伸长把第二
节云梯推上去
“呜~~~~~”
用钢缆牵引第
三节云梯
人员乘升降机
到达顶部
云梯操作台
边与位于顶部的队
员用内线电话联络
边进行操作
安装着篮子（工作斗）
顶部弯曲式
云梯车
云梯顶部可以弯曲，
所以进行阳台或屋
顶上的救助行动比
较容易哦！
消防
水池
水
水
水
消防员的服装
头顶灯
头盔
氧气面罩
即使在浓烟滚滚的地方
也能呼吸。给等待救援
的受灾人员用的面罩也
会带去呢
氧气瓶
防火服·手套
使用不易燃烧
的材料制成
在大型云梯车上没有水箱，因此水泵车
也会一起出动哦。水泵车从消防水池里
抽水之后再运送给云梯车。

于靠人力一步一步往上攀登的话速度太慢，因此使用升降机把人送到云梯顶部。送到三节式云梯的顶部只需约50秒。

升降机上能承载两名消防员，在它的前端安装着喷水枪。云梯的升降操作是在云梯底部的操作台上进行的。

平时云梯车上不会储水。当需要灭火时，先使用水泵车从现场附近的消防栓或消防水池里抽水，水抽满后再运送给云梯车。各种车辆和救援人员是分工合作处理灾害险情的。

日本高铁——新干线

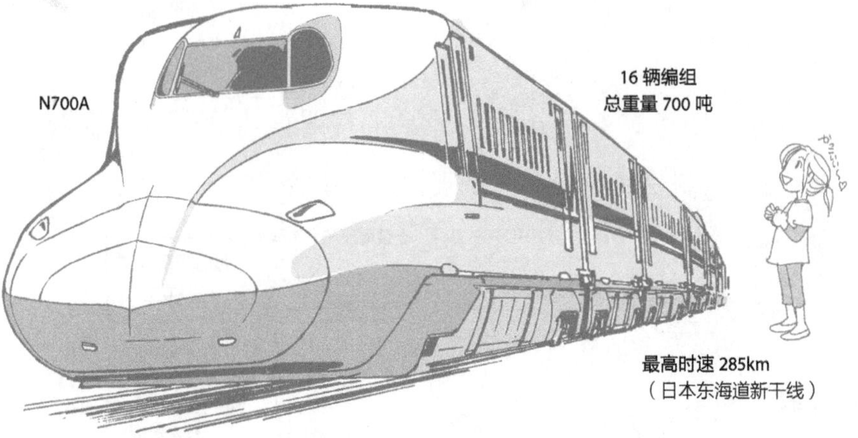

以时速 200km 以上行驶的高铁从架设线路的电缆上通过车厢顶棚上的受电弓获取电力。然后凭借获取的电力让电动机旋转，电动机再带动车轮，高铁列车便跑起来了。

高铁有很多种类型。这里以最高时速 285km 的日本东海道新干线“N700 系列希望号”为例来介绍高铁的工作原理。

为了能让“N700 系列希望号”跑得快，工程师们花费了不少心思。

首先，让车轮高速旋转需要非常大的功率。由 16 节车厢组成的“N700 系列希望号”，只有 1 号车厢和 16 号车厢是不具备电动机的车厢（动车组拖车），其余的车厢全部都是拥有电

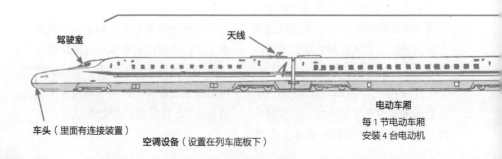

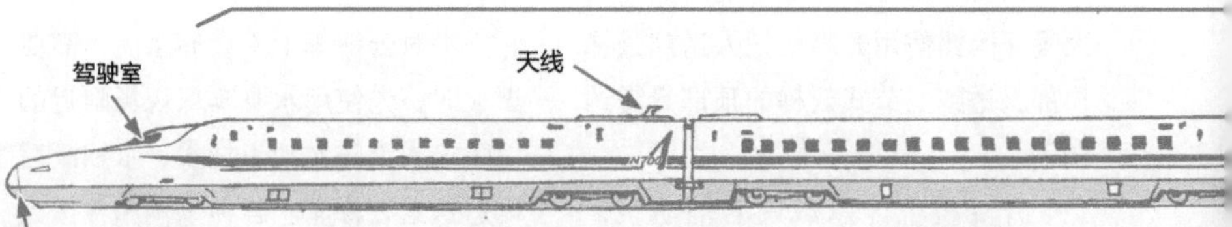

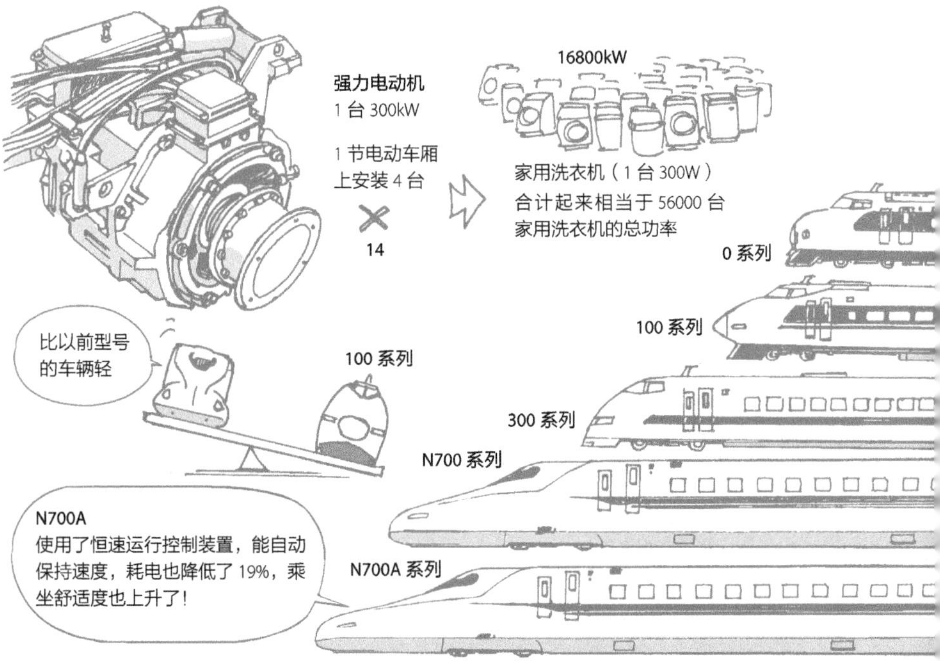
强力电动机
1 台 300kW
1 节电动车厢
上安装 4 台
14
16800kW
家用洗衣机（1 台 300W）
合计起来相当于 56000 台
家用洗衣机的总功率
0 系列
100 系列
比以前型号
的车辆轻
100 系列
300 系列
N700 系列
N700A
使用了恒速运行控制装置，能自动保持速度，耗电也降低了 19%，乘坐舒适度也上升了！
N700A 系列

动机的车厢（电动车厢）。

此外，输出动力的电动机是一台功率为 300kW 的强力发动机。普通高铁，每节车厢安装一台电动机，而“N700 系列希望号”的每节电动车厢安装了 4 台。

在 300 系列之后，车身都采用重量轻、强度高的铝合金来制造，比钢铁制造的 100 系列要轻得多。

车身上有颜色的部分是非常平滑的流线型设计，可以更好地减小风的阻力。

另外，为了使列车行驶时更稳定、更易加速，日本高铁的铁轨采用了比普通铁轨更宽的设计，并且使弯道和斜坡尽可能平缓。

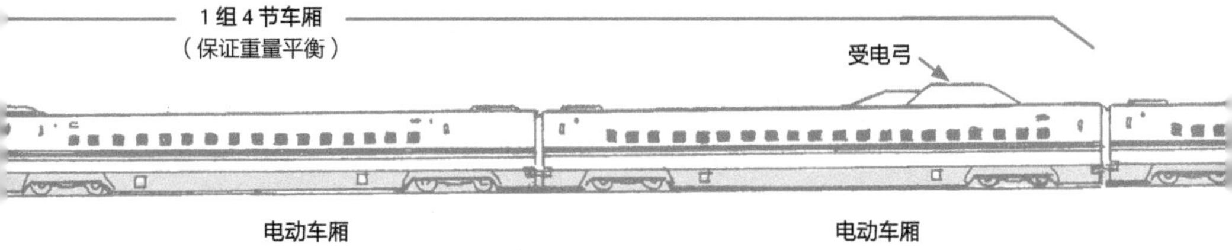
1 组 4 节车厢
（保证重量平衡）
受电弓
电动车厢
电动车厢

电饭煲

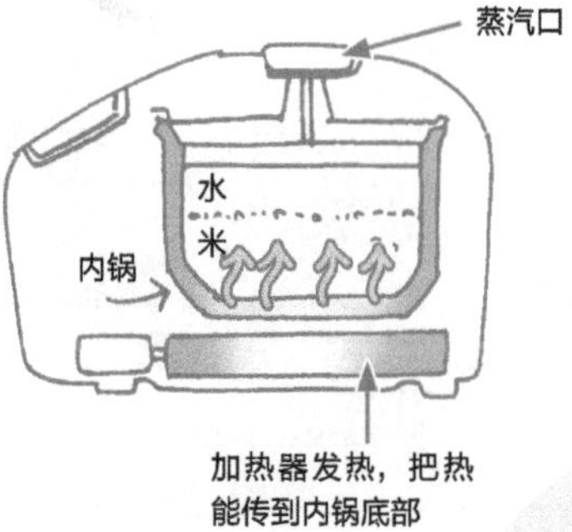

普通电饭煲

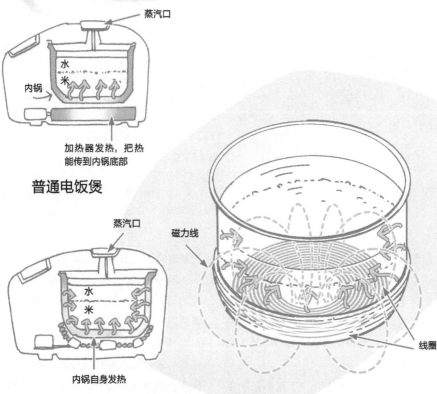

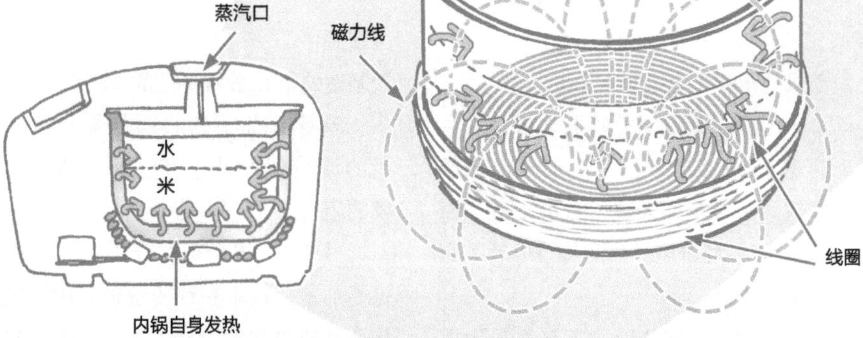

电磁感应加热电饭煲

只要按下开关，电饭煲就会给我们做出香喷喷的米饭。电饭煲不断更新换代，加热方法和锅的构造都各不相同。这里以现在比较常见的电磁感应加热（IH）电饭煲为例，给大家介绍它煮饭的工作原理。

之前的电饭煲内锅的下方有个加热器，由加热器把热量传导到内锅，再把饭煮熟。而电磁感应加热电饭煲不使用加热器，它利用磁力线使内锅自身发热煮饭。

在电饭煲内锅下方有个产生磁场的线圈。随着反复让这个线圈一会儿通电一会儿断电，就会产生断断续续

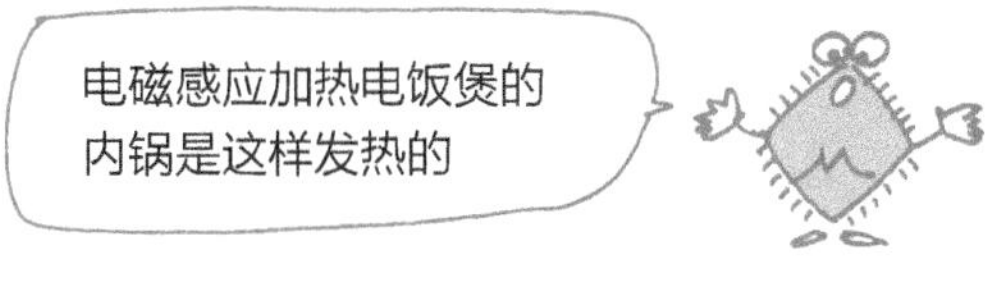
电磁感应加热电饭煲的内锅是这样发热的

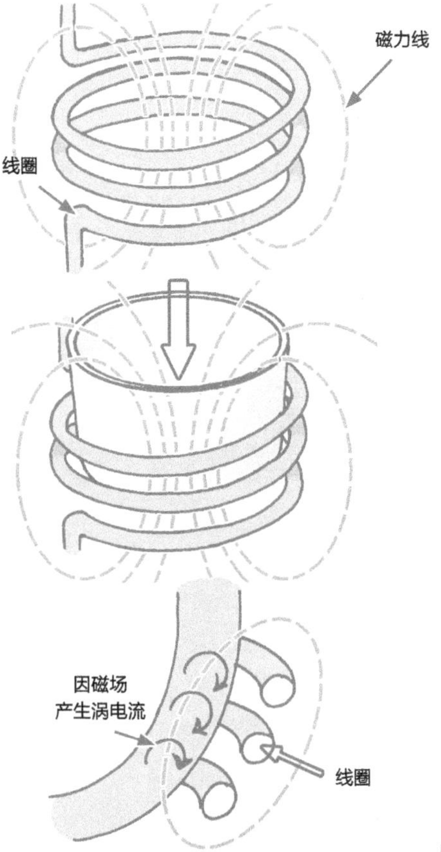
磁力线
线圈
因磁场产生涡电流
线圈

电流通过线圈时，线圈会变成电磁铁，线圈周围会产生磁场。

电饭煲内锅正好处于磁场磁力线的通路上。

这时内锅外侧会产生涡电流。
内锅会因为涡电流受阻而发热。

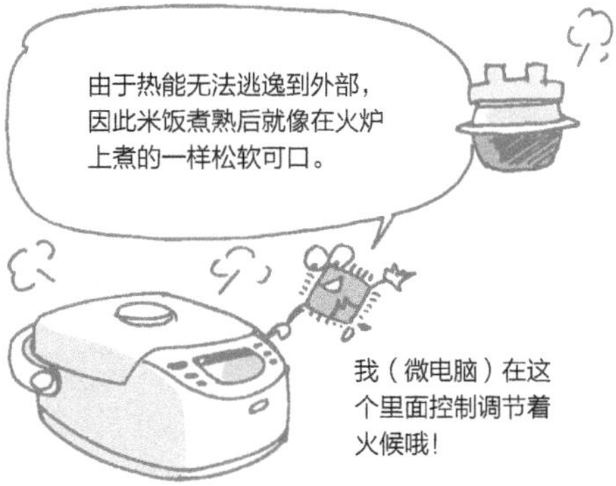
由于热能无法逃逸到外部，因此米饭煮熟后就像在火炉上煮的一样松软可口。
我（微电脑）在这个里面控制调节着火候哦！

★ 电磁炉 ★

它的原理和电磁感应加热电饭煲一样哦！
用它煮饭时需要注意所使用的锅！必须使用导磁性好的平底锅。

的磁场。接着不锈钢制的内锅外侧因磁场的作用而产生漩涡状的电流（涡电流）。

由于不锈钢的导电性不好，所产生的涡电流不能顺利流动，于是这些电能就会转变为热能。而热能很容易传导到铝合金制成的内锅内侧，因此整个锅都被加热，便能煮米饭了。

煮出香喷喷的米饭的关键在于火候，在电饭煲里，通过内置的超小型计算机（微电脑）来控制线圈上的通电量。另外，锅身侧面和锅盖部分还使用了保温加热器，能使煮好的米饭保温在大约 70℃。

智能手机

拍摄照片或视频，编辑后可以发给朋友或者发到网上
能看到和电脑上一样的数据
用它工作太方便了！
智能手机就是可以打电话的小型电脑呢！
平板电脑操作简单！用手指就能放大/缩小画面！
就选这张照片吧！
可以边看着对方边通话
你最近好吗?
能欣赏音乐或看视频
好可爱~
对学习也有帮助哦！
原来是这样！
当然用来打游戏也特别棒！
也能在找商店等时提供导航
面包店
嗯……下个路口右转……
能打电话，也能发邮件，做什么都可以呢！

如今智能手机已经成了我们日常生活中不可或缺的一部分。

所谓智能手机，简单来说就是具有手机功能的手持式电脑。

那么智能手机都能做些什么事情呢？我们这就来看一下。

首先，它具有手机的基本功能——拨打电话。其次，它可以像电脑一样连接互联网，我们通过它能看视频（动画）或欣赏音乐。

另外，它还能读写电子邮件或者在网上发布自己拍的照片等，凡此种

打电话的工作原理
从手机里发出的无线电波告知所在区域。
090 XXXX 0000
喂喂
基站 A
090 XXXX 0000 是基站 B 所在区域哦。
基站控制器
090 XXXX 0000 是哪里的?
090 XXXX 0000 是基站 B 所在区域哦。
交换中心 Y
喂喂
基站 B
交换中心 X
喂喂
基站 C
喂喂
即使离开了最开始连接上的基站所在区域，也能自动切换到下一个基站哦！
各种智能手机
智能手机
大型智能手机
便携型智能手机

智能手机又小又轻，便于携带

由于画面很大，它可以像计算机一样使用，对工作等十分友好

它集合了手机和智能手机的优点。通信费比较便宜

种，都可以在智能手机上操作进行，即便在走路或在车上也能轻松完成。

除此之外，通过它还能打游戏、查看菜谱、学习英语、管理行程以及查看地图等，实现这一切只需下载安装（导入）一种俗称为应用程序（手机软件）的、既方便又好玩的软件，它能广泛应用到我们的学习、工作或兴趣爱好等日常生活的各个方面。

今后，智能手机一定会被开发出更多的新功能和应用程序，它的使用会越来越便利。

3D 影像

现在也可以在家里看 3D 影像了哦！有可以看 3D 影像的电视机或能展现 3D 效果的便携式游戏机和手机等设备。

哇塞~~~

好似一个真实的物体出现在眼前，看起来是具有深度的立体影像，这就是 3D 影像。它能给人一种怪兽等会动的物体好像要从电视屏幕或电影荧幕里跳到自己面前一样的压迫感。

那么是什么原理使得 3D 影像给人这样的感觉呢？

请大家试试逐次闭上一只眼睛。由于两眼之间有一些距离，因此逐次用一只眼睛看东西的时候，会发现所看到的东西的位置会有一些差异。我们人类会在大脑里把两只眼睛分别看到的影像合成到一起。

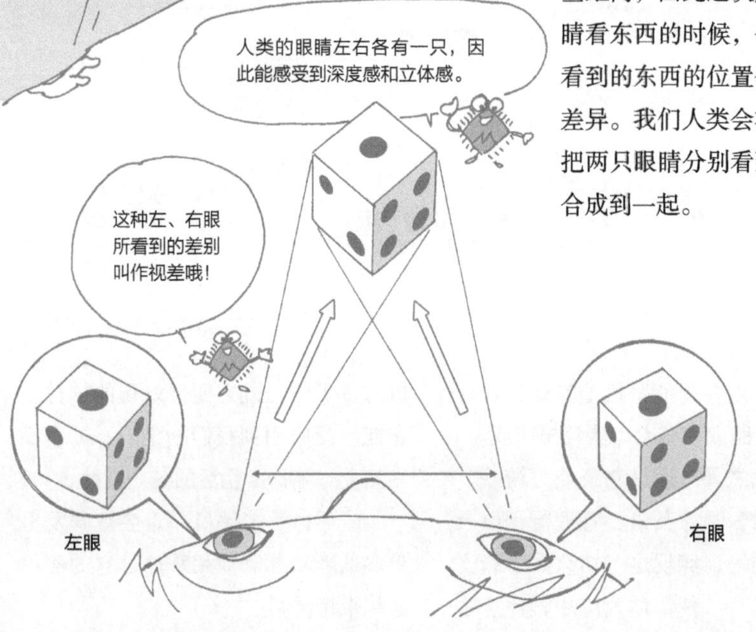
人类的眼睛左右各有一只，因此能感受到深度感和立体感。
这种左、右眼所看到的差别叫作视差哦！
左眼
右眼

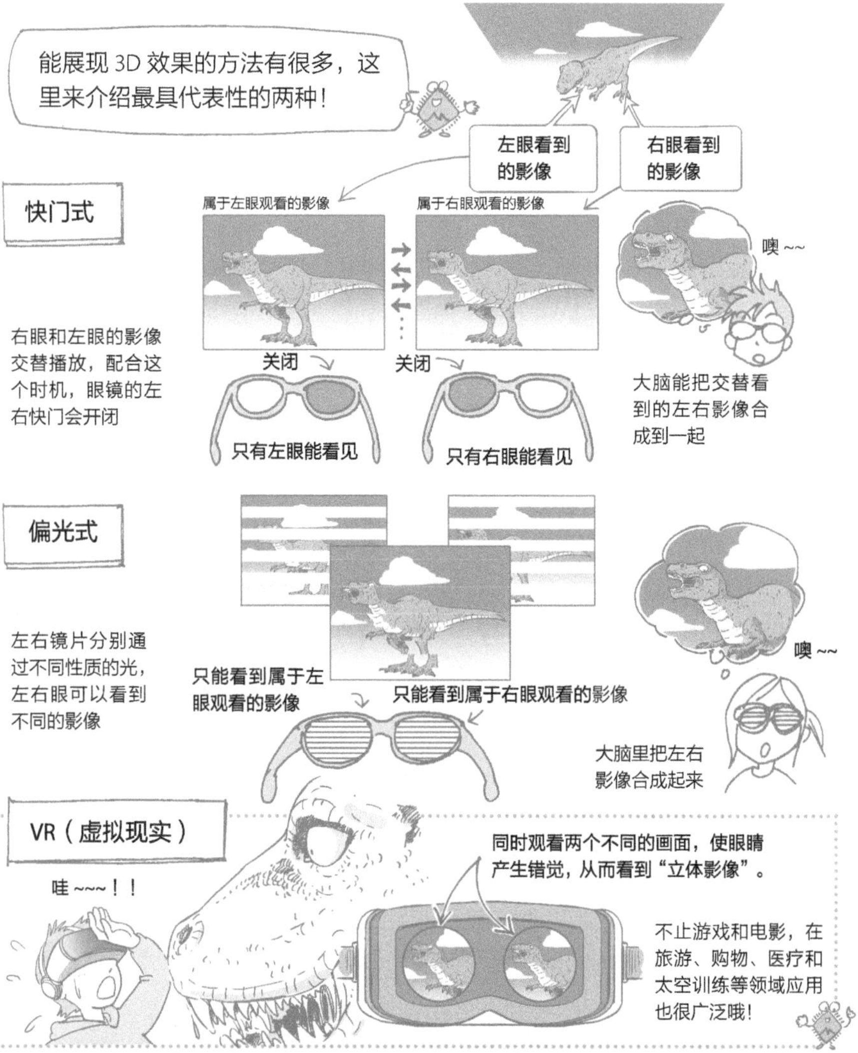
能展现3D效果的方法有很多，这里来介绍最具代表性的两种！
左眼看到的影像
右眼看到的影像
快门式
属于左眼观看的影像
属于右眼观看的影像
噢~~
右眼和左眼的影像交替播放，配合这个时机，眼镜的左右快门会开闭
关闭
关闭
只有左眼能看见
只有右眼能看见
大脑能把交替看到的左右影像合成到一起
偏光式
左右镜片分别通过不同性质的光，左右眼可以看到不同的影像
只能看到属于左眼观看的影像
只能看到属于右眼观看的影像
噢~~
大脑里把左右影像合成起来
VR（虚拟现实）
哇~~~！！
同时观看两个不同的画面，使眼睛产生错觉，从而看到“立体影像”。
不止游戏和电影，在旅游、购物、医疗和太空训练等领域应用也很广泛哦！

大脑由两眼的影像偏差计算与物体间的距离，于是便会感到画面具有立体感或深度感。

3D影像技术就是利用了这样的特性，人工地把属于右眼和属于左眼的影像分别送到右眼和左眼，使观看者感受到立体感。

观看3D影像需要佩戴特殊的眼镜。有配合左眼影像或右眼影像出现的时机，关闭相应镜片的快门，使一只眼睛看不见的快门式眼镜，也有戴上后右眼只能看见右眼影像、左眼只能看见左眼影像的偏光式眼镜。

洗衣机

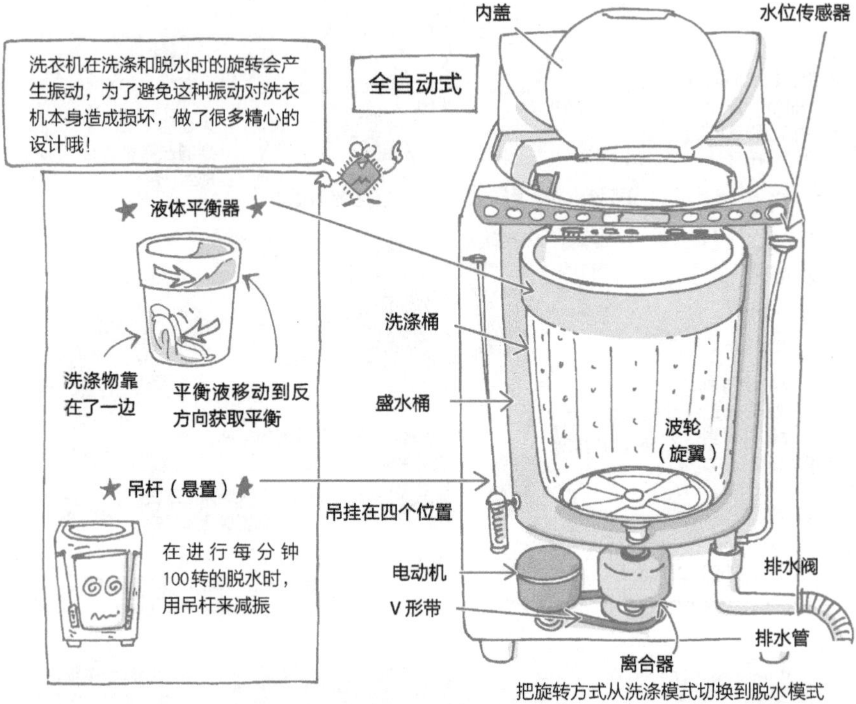
内盖
水位传感器
洗衣机在洗涤和脱水时的旋转会产生振动，为了避免这种振动对洗衣机本身造成损坏，做了很多精心的设计哦！
全自动式
液体平衡器
洗涤物靠在了一边
平衡液移动到反方向获取平衡
洗涤桶
盛水桶
波轮（旋翼）
吊杆（悬置）
吊挂在四个位置
在进行每分钟100转的脱水时，用吊杆来减振
电动机
V形带
排水阀
排水管
离合器
把旋转方式从洗涤模式切换到脱水模式

洗衣机使用水流的力量、借助洗涤剂的功效自动帮我们洗衣服。

目前常见的、全自动洗衣机的类型是波轮式和滚筒式。全自动波轮式洗衣机是单桶式，只要倒入洗涤剂、按下启动按钮后，接下来从加水到脱水的全过程都会自动进行。

下面我们来了解一下全自动波轮式洗衣机的工作原理。在蓄水用的盛水桶（外桶）的内部有一个开着许多小孔的洗涤脱水桶（内桶），它们由4根吊杆支承。

在洗涤脱水桶的底部有个叫作波轮的呈凹凸状的水平旋翼，它由电动机驱动，产生各种洗涤方式所需的水流。

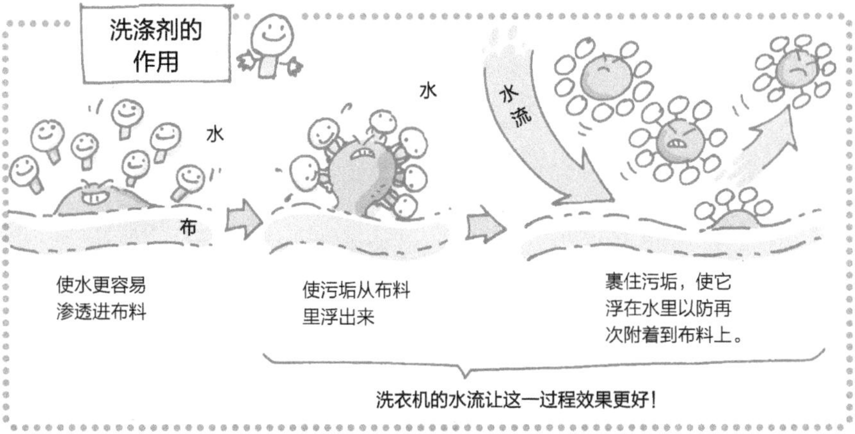
洗涤剂的
作用
水
布
水
水流
使水更容易
渗透进布料
使污垢从布料
里浮出来
裹住污垢，使它
浮在水里以防再
次附着到布料上。
洗衣机的水流让这一过程效果更好！

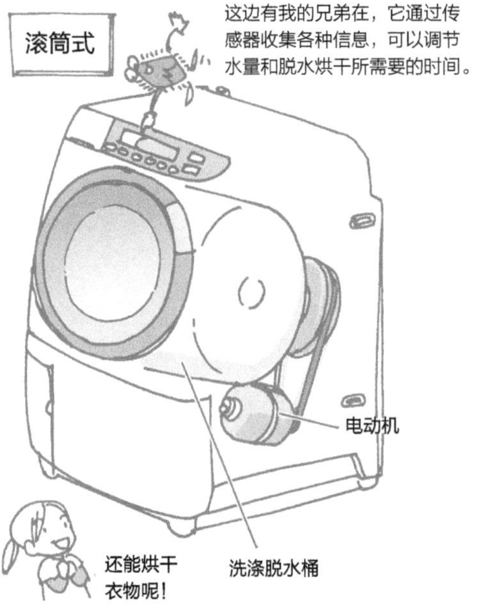
滚筒式
这边有我的兄弟在，它通过传
感器收集各种信息，可以调节
水量和脱水烘干所需要的时间。
电动机
还能烘干
衣物呢！
洗涤脱水桶

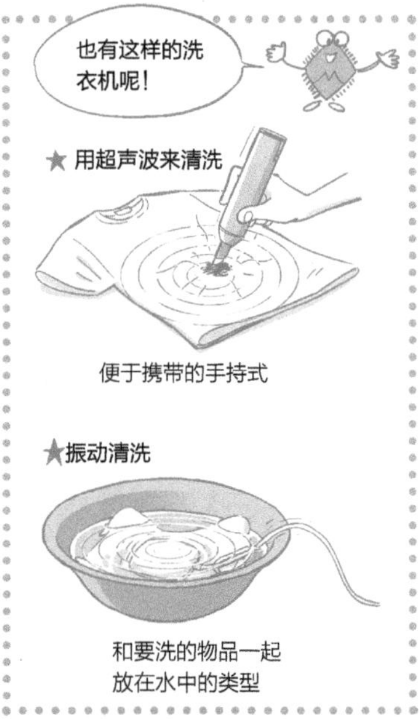
也有这样的洗
衣机呢！
★用超声波来清洗
便于携带的手持式
★振动清洗
和要洗的物品一起
放在水中的类型

另外，为了减少波轮旋转时所产生的振动，在洗涤脱水桶上层有称为“液体平衡器”的空间，里面加入了液体。这样的话，当洗涤物靠向一边时，平衡用的液体就会移动到反方向获取平衡。同时，在吊杆底部还安装有弹簧，对于减振也扮演着同样的角色。

最近随着计算机技术的发展，有些洗衣机能通过传感器感知洗涤物的量和材质来计算出所需的水量和水流的方向。洗衣机产品仍在不断更新换代。

吸尘器

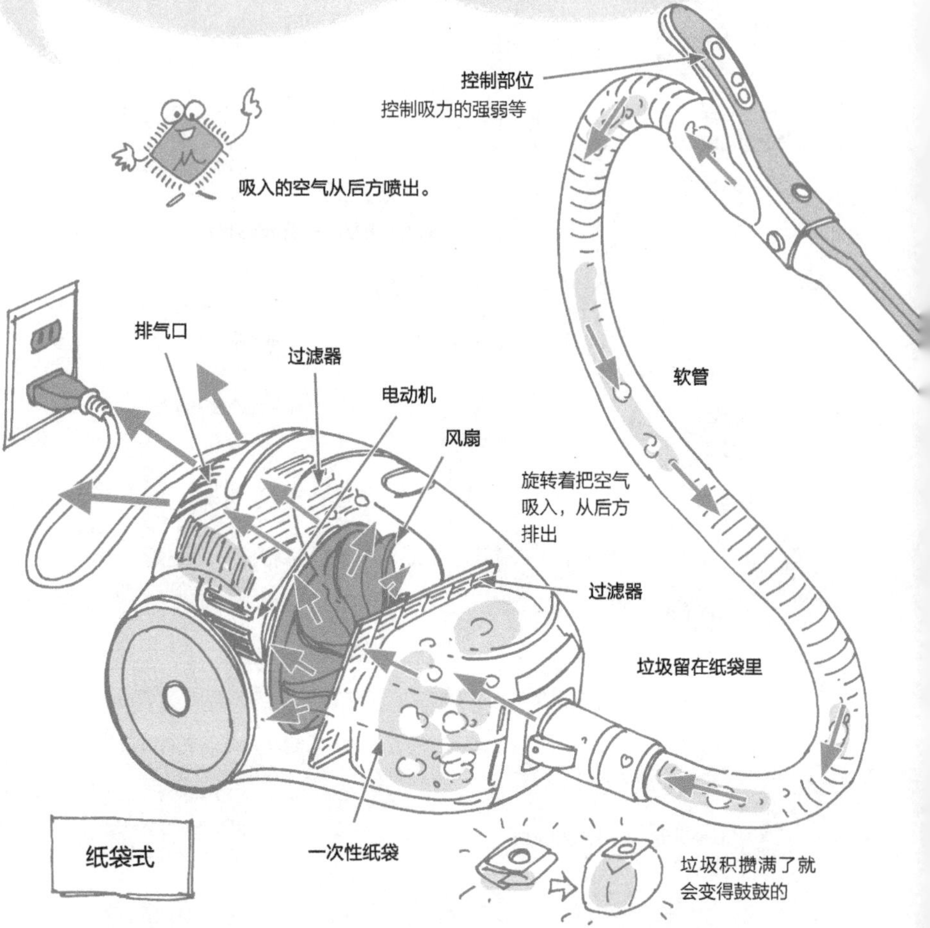
控制部位
控制吸力的强弱等
吸入的空气从后方喷出。
排气口
过滤器
电动机
风扇
软管
旋转着把空气吸入，从后方排出
过滤器
垃圾留在纸袋里
纸袋式
一次性纸袋
垃圾积攒满了就会变得鼓鼓的

在日本，吸尘器分为把吸入的垃圾储存到安装在内部的纸袋里的“纸袋式”和直接收纳到吸尘器集尘盒里的“旋风式”。这里我们主要介绍一下“纸袋式”吸尘器的构造和原理。

吸尘器的动力来源于电动机。它的电动机的转速为每分钟3.4万～4万转，以非常惊人的转速转动着吸尘器里的风扇。当风扇以高速旋转时，周围的空气就会因为离心力而飞舞起来，从而使吸尘器里的气压变低。空气具有从气压高的地方流向气压低的

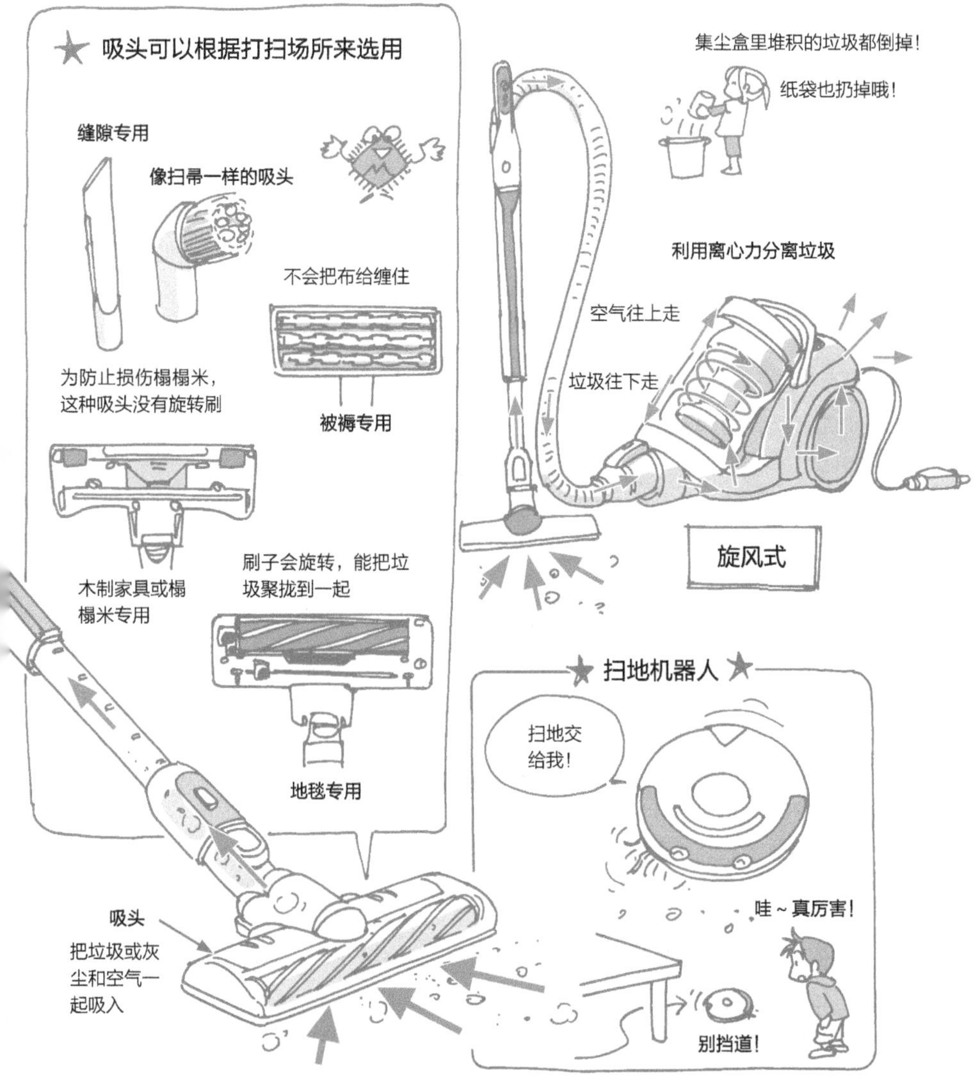
吸头可以根据打扫场所来选用
缝隙专用
像扫帚一样的吸头
不会把布给缠住
为防止损伤榻榻米，
这种吸头没有旋转刷
被褥专用
木制家具或榻
榻米专用
刷子会旋转，能把垃
圾聚拢到一起
地毯专用
吸头
把垃圾或灰
尘和空气一
起吸入
集尘盒里堆积的垃圾都倒掉！
纸袋也扔掉哦！
利用离心力分离垃圾
空气往上走
垃圾往下走
旋风式
扫地机器人
扫地交
给我！
哇～真厉害！
别挡道！

地方这一性质。吸尘器利用这个性质就能通过软管把空气吸进去。

垃圾或灰尘就会随着空气一起被吸入，运送到吸尘器内部。装在吸尘器里的一次性纸袋会把吸入的垃圾或灰尘积攒起来，只让空气通过去。此外，在纸袋的后方连接着过滤器，它能把小到仅一千分之一厘米的灰尘留住，仅让干净的空气通过。而后干净的空气会冷却发热的电动机并从吸尘器后部的排气口排出。

太阳能发电装置

太阳的能量非常巨大，据说如果能把太阳持续照射整个地球一个小时的太阳能收集起来，就够全世界的人使用一整年。

因此如何将太阳能转变成电能，成为当今全世界瞩目的课题之一。实现这种转变的装置叫作太阳能发电装置。

使用太阳能发电，只要有太阳光照射到地球上，那么何时何地都可以。

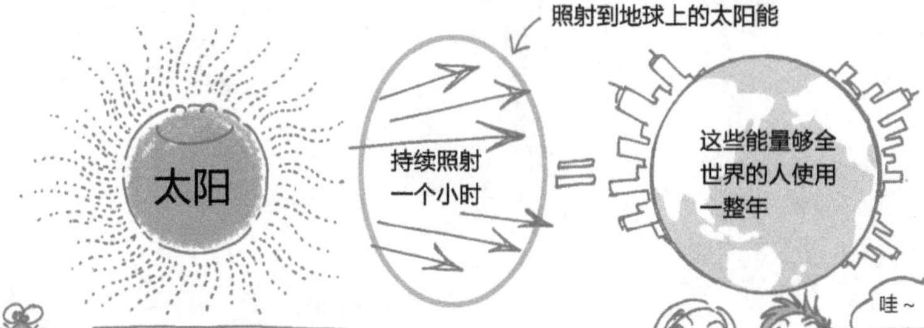
照射到地球上的太阳能
太阳
持续照射
一个小时
这些能量够全
世界的人使用
一整年

好厉害！
哇~
只需要持续照射
一个小时的太阳
光就够用了？

产生电能的原理

太阳能电池是由半导体材料制成的。当光照到这种材料上时，就能同时获得带负电的 N 型半导体和带正电的 P 型半导体。

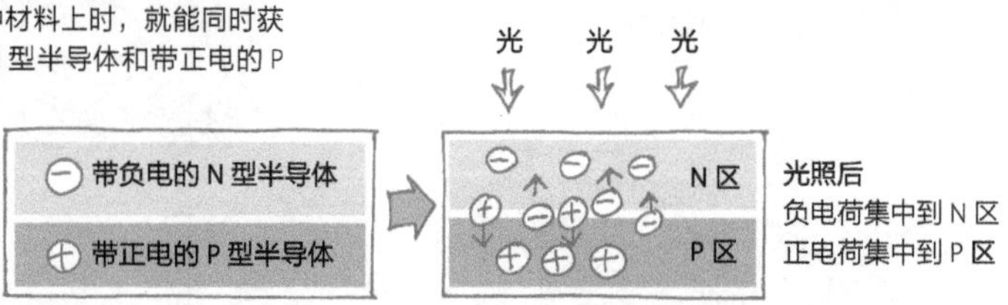
光 光 光
带负电的 N 型半导体
带正电的 P 型半导体
N 区
P 区
光照后
负电荷集中到 N 区
正电荷集中到 P 区

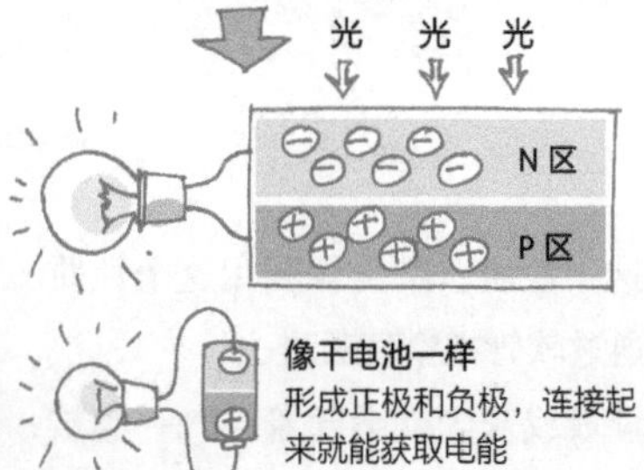
光 光 光
N 区
P 区
像干电池一样
形成正极和负极，连接起
来就能获取电能

★ 排列着十几万片太阳能电池模块的太阳能发电厂

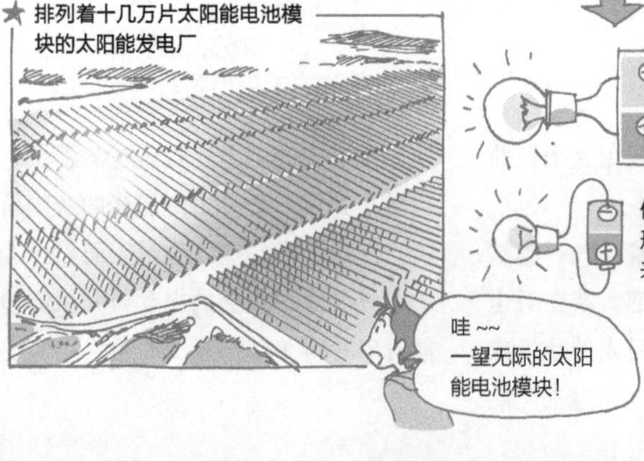
哇~~
一望无际的太阳
能电池模块！

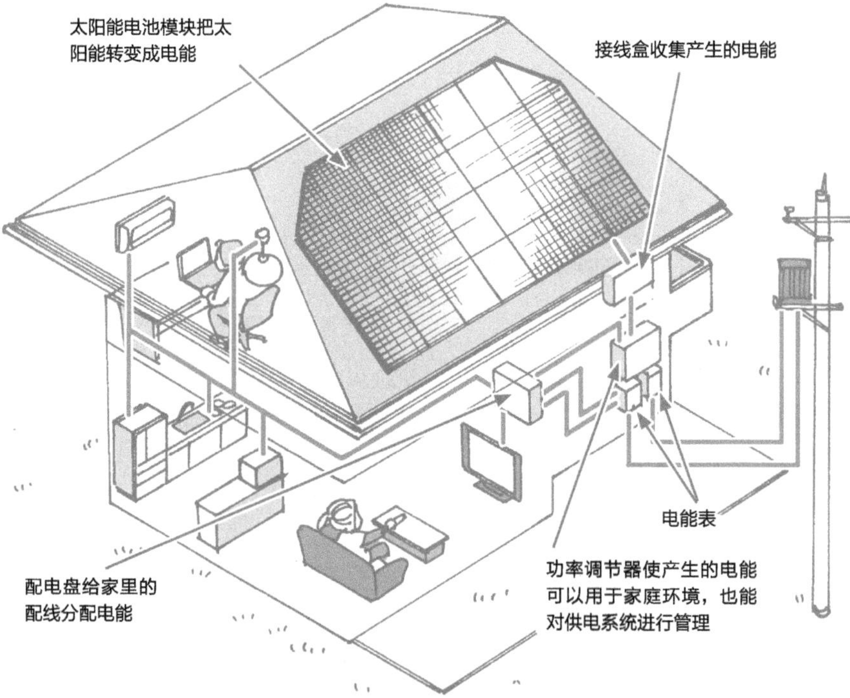
太阳能电池模块把太
阳能转变成电能
接线盒收集产生的电能
电能表
功率调节器使产生的电能
可以用于家庭环境，也能
对供电系统进行管理
配电盘给家里的
配线分配电能

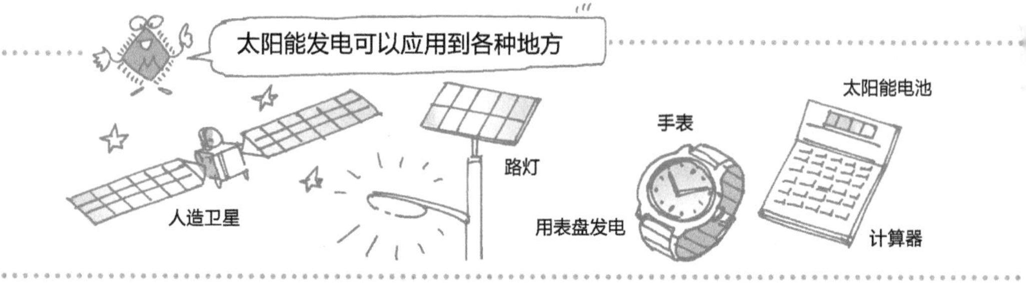
太阳能发电可以应用到各种地方
太阳能电池
手表
路灯
人造卫星
用表盘发电
计算器

而且在发电时也不会对地球环境造成危害，所以太阳能作为未来能源备受期待。

太阳能发电装置里使用了一种叫作太阳能电池的部件来把太阳能转变成电能。大家见过在一些建筑物或者房子的屋顶上装着的、形状平坦的、类似玻璃制成的平板吗？那个就是太阳能电池。太阳能电池为了尽可能多地吸收太阳光，因此设计成了平板形。

利用太阳能发电装置获取的电能可以转换成普通家庭使用的电能，用于照明或为电视机和冰箱等家用电器供电，对我们的生活帮助很大。

地铁

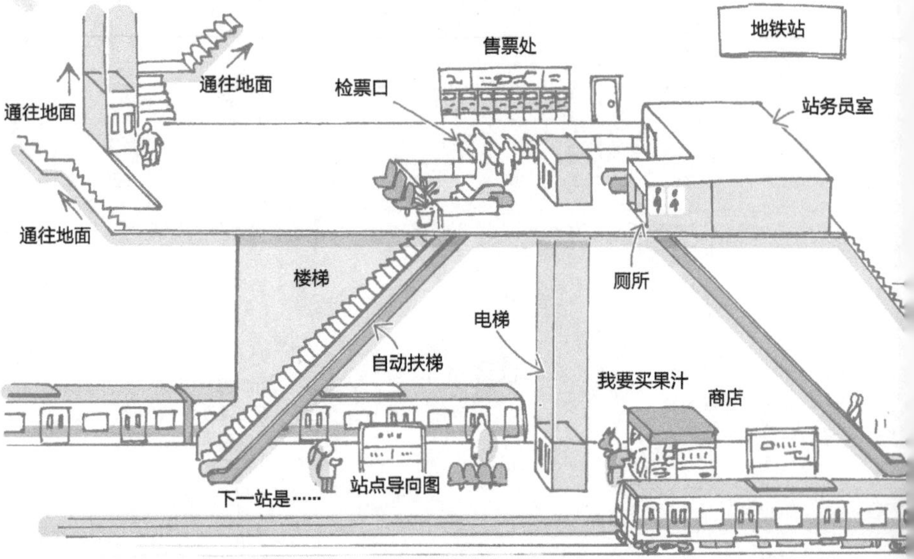

在大都市里，地铁是十分重要的交通工具。有很多地铁站经过地道可以直接通到铁路的车站以及大楼里，下雨天的时候尤其显得非常便利。

要让列车在地下铁道上行驶，首先必须在地下挖掘巨大的隧道。挖掘隧道的施工方法大致有两种，一种是把隧道上方的地面挖开后进行施工的明挖法，另一种是使用地铁盾构机体积庞大的圆形钻头，像鼹鼠一样在地下掘进的盾构法。

通常情况下都采用明挖法，沿着道路进行挖掘，但如果遇到难以挖掘的路段或者需要挖得比较深的路段就会采用盾构法。

地铁的隧道和地面并不是平行的，两个地铁站之间的地势是最低的。这是为了让列车在启动时能借助下坡，要制动时借助上坡，这样才能使列车行驶得更顺畅。

地铁行驶所需的动力来自电力供应。方法有通过架线从受电弓获取电能的架线法，和使用平行于地铁所行驶的铁轨并安装在其旁边的、叫作第三轨的轨道来供电的三轨供电法。

三轨供电法的第三轨上电压为600伏特。安装在列车车身上的、伸出并张开的集电靴和第三轨接触，就

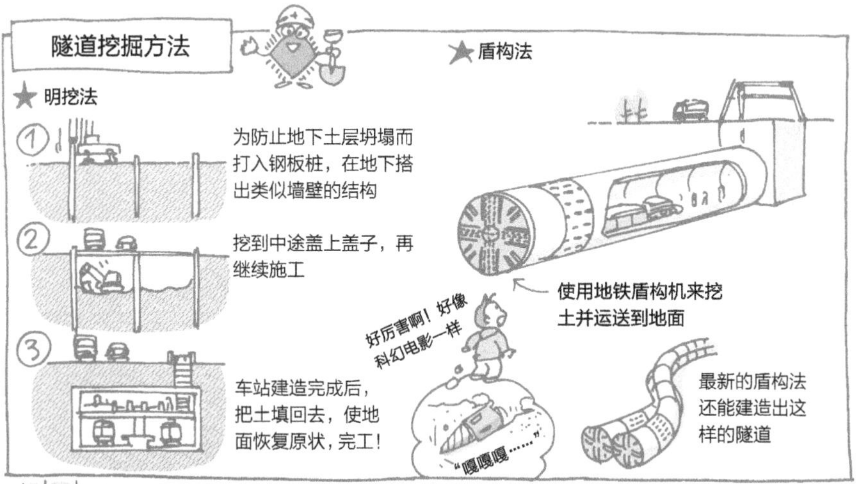
隧道挖掘方法
明挖法
为防止地下土层坍塌而打入钢板桩，在地下搭出类似墙壁的结构
挖到中途盖上盖子，再继续施工
车站建造完成后，把土填回去，使地面恢复原状，完工！
盾构法
使用地铁盾构机来挖土并运送到地面
好厉害啊！好像科幻电影一样
"嘎嘎嘎……"
最新的盾构法还能建造出这样的隧道

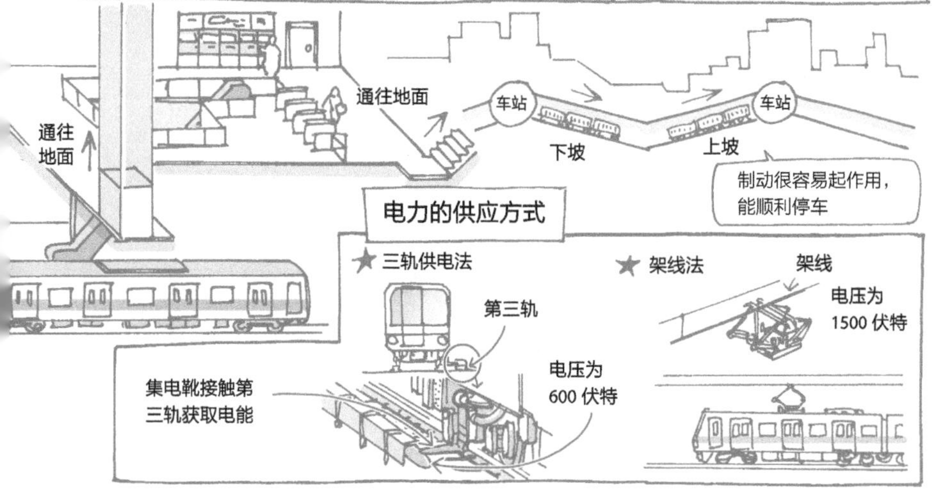
通往地面
通往地面
车站
车站
下坡
上坡
制动很容易起作用，能顺利停车
电力的供应方式
三轨供电法
第三轨
集电靴接触第三轨获取电能
电压为600伏特
架线法
架线
电压为1500伏特

能获取电能。由于这种方式不需要架线，因此除了隧道不用挖得很大，列车的高度也能降低，从而节省了建造费用。

现在，日本为了发展地铁与铁路之间的衔接，很多地铁采用架线法。此外，鉴于车辆本身的体积无法缩小，有些地铁也采用能使用小车轮的直流电动机来驱动列车。

在日本有地铁的城市是……
直线异步电动机驱动的地铁噪声小，建造费用低，乘坐舒适。
札幌
仙台
琦玉
东京
京都
千叶
神户
横滨
广岛
名古屋
福冈
大阪
注：2018年9月为止

数码照相机

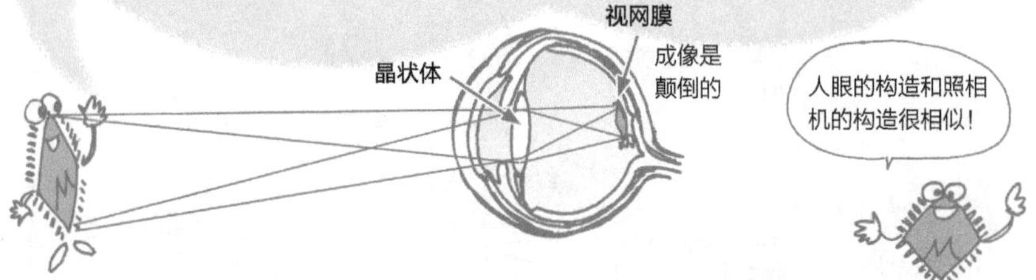
视网膜
成像是
颠倒的
晶状体
人眼的构造和照相
机的构造很相似！

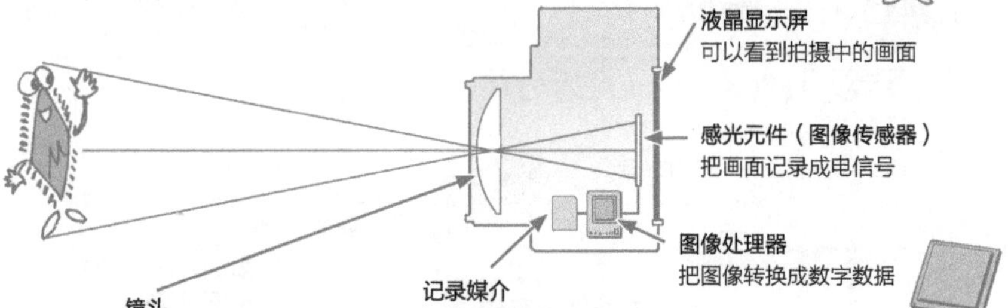
液晶显示屏
可以看到拍摄中的画面
感光元件（图像传感器）
把画面记录成电信号
图像处理器
把图像转换成数字数据
镜头
把数枚凸透镜和凹
透镜组合在一起。
镜头可以根据拍摄
目的更换
记录媒介
把数字数据记录到
存储卡等媒介上

★ 从镜头进入到照相机内部的光由感光元件（图像传感器）把光的强弱转换成电信号之后，再由图像处理器转换成数字数据。转换后的数字数据会原封不动地保存到存储卡等记录媒介里哦！

广角镜头
所拍摄画面的视野宽阔

标准镜头
和人眼的视线相近

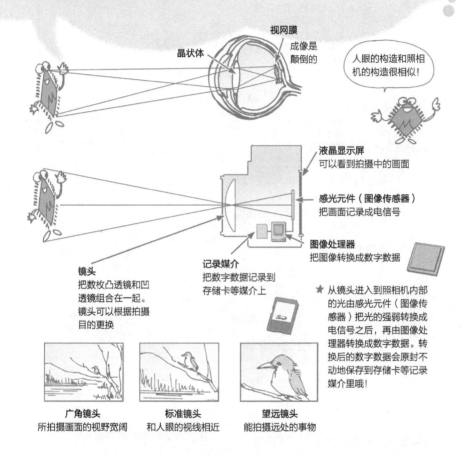

望远镜头
能拍摄远处的事物

如今，无须胶卷的数码照相机已经成了主流。

那我们就来了解一下数码照相机的工作原理吧。

照相机的构造和我们人类的眼睛的构造很相似。它是让通过镜头（晶状体）的光聚焦到另一边投影成像。接着感光元件（视网膜）把光的强弱转换成电信号，图像处理器再把电信号转换成数字数据（大脑处理），使它变成我们的眼睛能识别的颜色和形状。

实际上，照相机的镜头不止一枚镜片，为了清晰完整地投影成像，它采用了数枚凸透镜和凹透镜的组合来构成一个镜头。

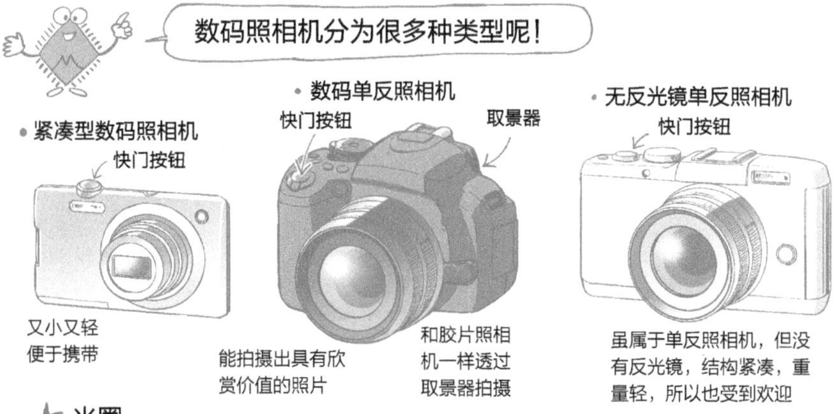
数码照相机分为很多种类型呢！
• 紧凑型数码照相机
快门按钮
又小又轻
便于携带
• 数码单反照相机
快门按钮
取景器
能拍摄出具有欣
赏价值的照片
和胶片照相
机一样透过
取景器拍摄
• 无反光镜单反照相机
快门按钮
虽属于单反照相机，但没
有反光镜，结构紧凑，重
量轻，所以也受到欢迎

★ 光圈

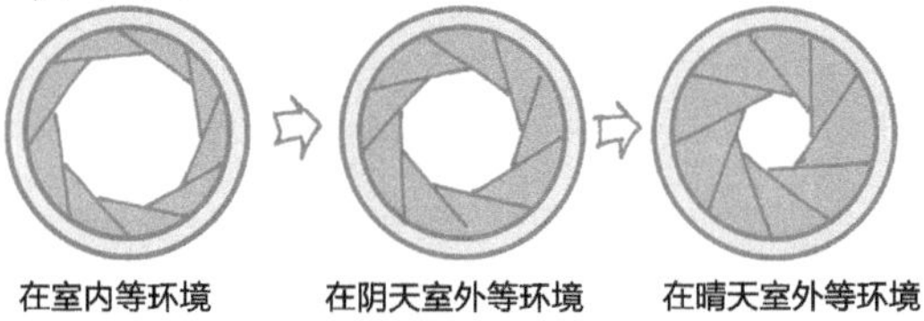
在室内等环境
在阴天室外等环境
在晴天室外等环境

根据拍摄的时间或场所来调节从镜头进入的光线量。
拍摄人物特写镜头时把光圈打开，能使背景稍显模糊，这样就能拍得更好看

不只是光圈，快门的打开时间或
镜头的焦点等都是能够调节的。
也能设定成让所有的操作全部
自动完成哦！

镜头和感光元件之间安装着反光镜，从取景器通过镜头就能看到成像画面。接着在按下快门时，反光镜会向上移动，其背后的感光元件把接收到的光处理成电信号，于是就能记录下图像。

另外，根据周边环境的明暗状态，可以改变快门的打开时间或使用光圈调整镜头的直径来调节投影到感光元件上的光线量。

调节光线量或对焦等操作都是由叫作自动调焦的内置超小型计算机（微电脑）进行处理，几乎所有的操作都是全自动的。所以在照相机内部组装着传感器、微电脑和电动机等形形色色的元件，结构十分复杂。

不过另一方面，还是有人对由来已久的胶片照相机爱意不减。

我还是对胶片照
相机情有独钟。
36

电视广播

模拟信号和数字信号的区别

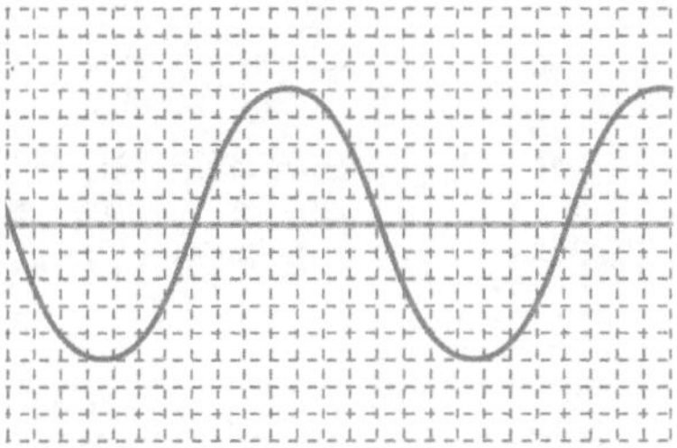

模拟信号

模拟信号和数字信号，哪里不一样呢？
模拟信号是指我爷爷吗？老朽是模拟信号人类。

这个就是模拟信号哦。把它转换成数字信号就会变成下图里这个样子。
很像条状图

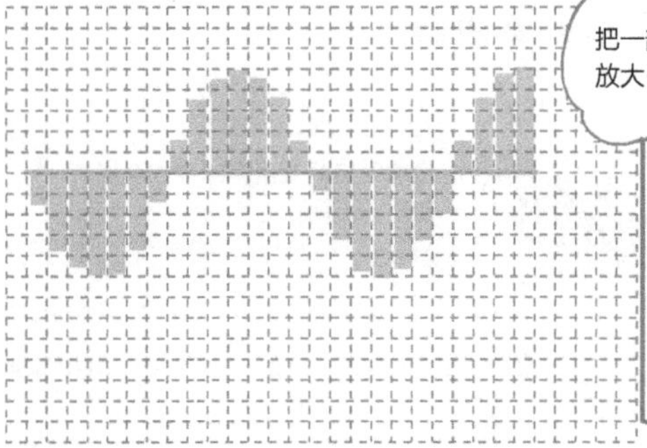

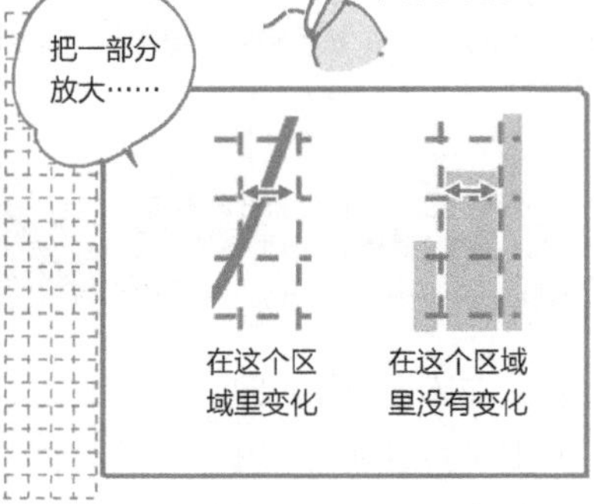
把一部分放大……
在这个区域里变化
在这个区域里没有变化

数字信号

模拟信号转换成数字信号后，可以将其发送到很远的地方而不会变差，并且处理起来会更容易

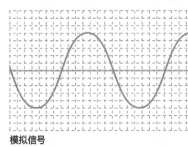

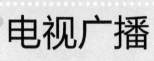

所以把模拟信号数字化，就能将连续信号离散化。

日本从 2011 年 7 月 24 日开始停止长久以来的模拟信号电视广播，转变为地面数字电视广播制式。

模拟信号电视广播是直接把影像和声音以它们原有的状态发送出来，所以容易受到杂波或高层建筑物的干扰，导致声音听不清楚或者影像抖动不清晰。

而地面数字电视广播是把影像和声音置换成 0 和 1 的数字信号之后进行传输，因此无论声音还是影像都十分清晰，也不受任何干扰。

另外还有数字高清电视，能在宽大的电视屏幕上观看极其精美的画面

★ 变成数字高清电视后，这些方面不一样了！

	模拟信号电视	数字高清电视
画面		
画面比例	4：3	16：9
影像	粗糙，不稳定	细腻，漂亮
声音	有杂音	比肩 CD 的音质

★ 数字化之后能体验这些服务，获取这些信息！

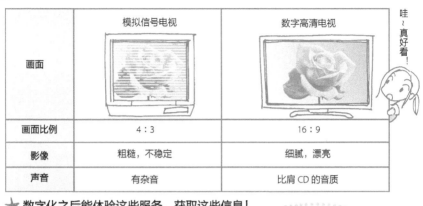

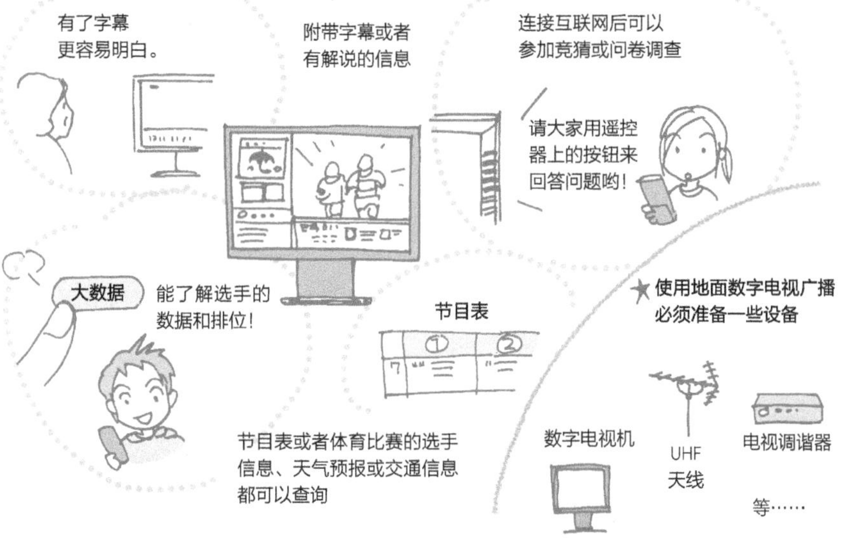

并欣赏到比肩 CD 音质的声音。

此外，老年人或残障人士也能欣赏电视、收听广播，他们可以收看把台词或评论用文字表示出来的有字幕的电视节目，或者能收听节目的解说。

电视广播的服务里永远都能看到新闻、天气预报、交通信息等对日常生活有用的信息。如果在电视上接入电话线路或者互联网的话，甚至还能参加竞猜或问卷调查等节目。

要收看数字电视，必须准备数字电视机、UHF 天线或者电视调谐器等。

IC 卡

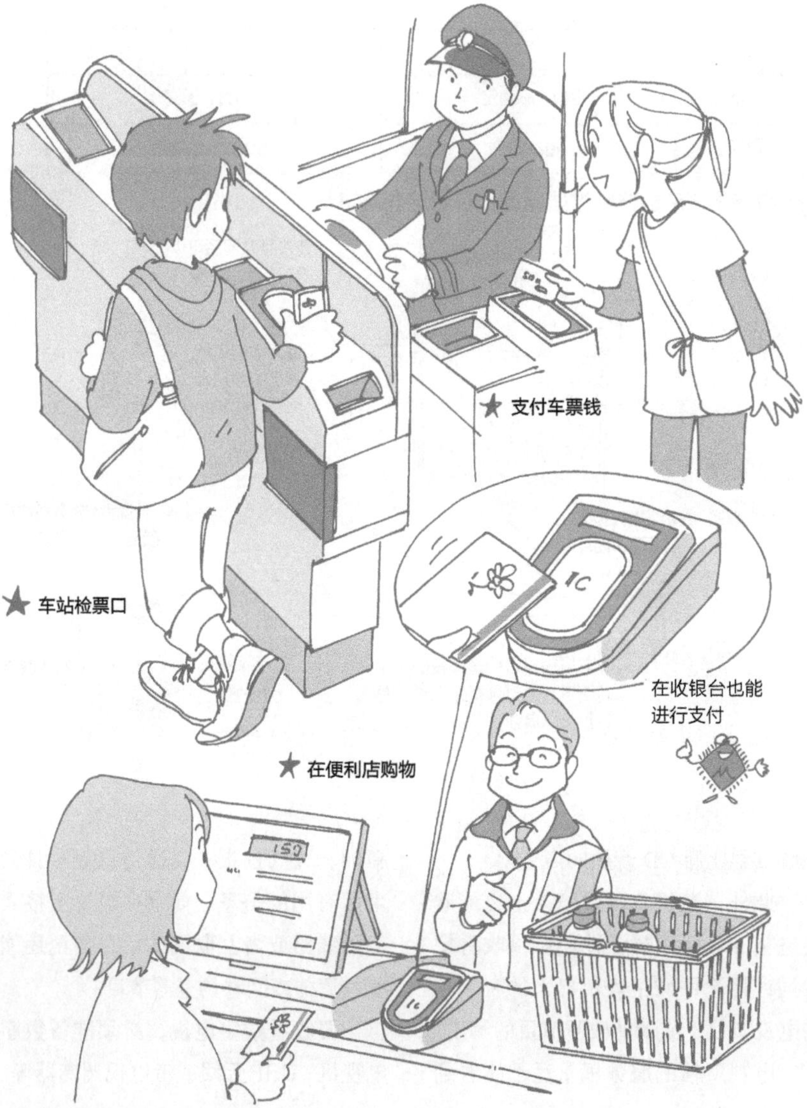

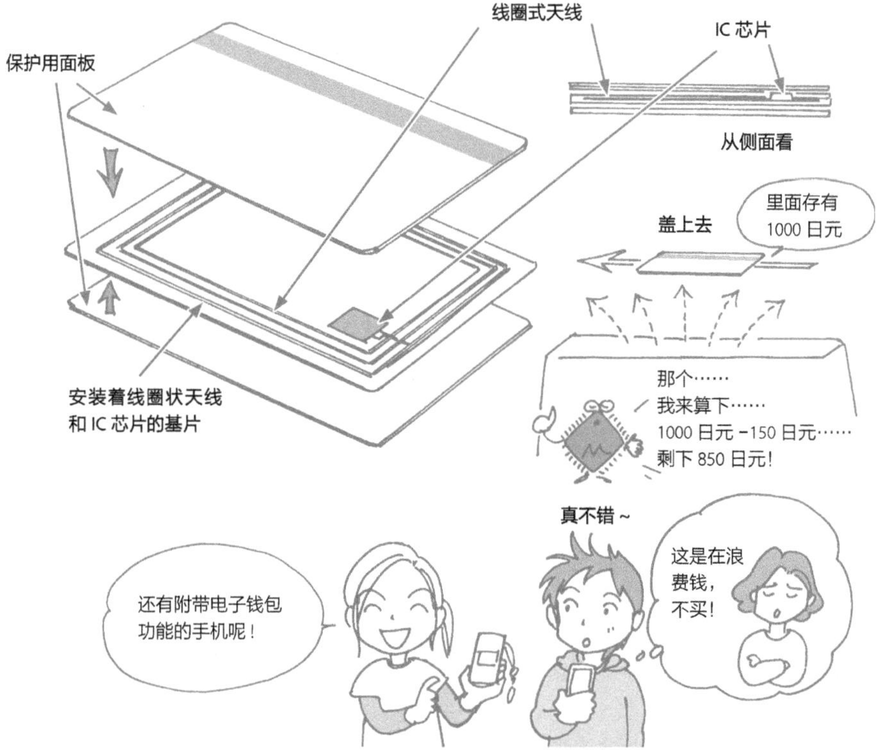
线圈式天线
IC 芯片
保护用面板
从侧面看
里面存有
1000 日元
盖上去
安装着线圈状天线
和 IC 芯片的基片
那个……
我来算下……
1000 日元 －150 日元……
剩下 850 日元!
真不错 ~
这是在浪
费钱，
不买!
还有附带电子钱包
功能的手机呢!

使用 IC 卡，只需刷一下就能乘坐地铁或公交车，购物也很方便。

IC 卡是由基片在正反面各覆盖一张保护用面板制成的。

在 IC 卡里植入了 IC 芯片。IC 芯片可以记录信息或者进行计算等，是个非常小的像计算机一样的元件。

在 IC 卡里充值后，IC 芯片就会记录下这条信息。然后只要把 IC 卡放到专用的读卡器上方，IC 卡里面的线圈式天线就会接收到从读卡器里发来的电磁波，和读卡器进行无线通信。

于是 IC 芯片和终端之间就能进行货币交易，就像使用实际的货币一样。

另外，植入了 IC 芯片的手机也能用来“刷卡”，当作 IC 卡来使用。

电力机车

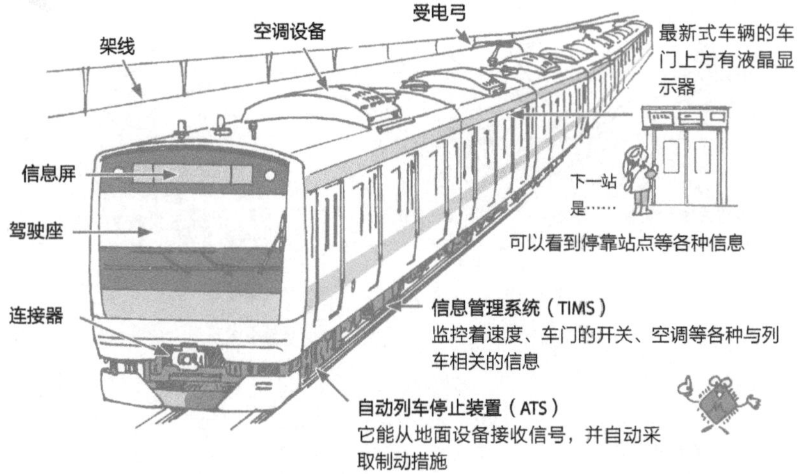
受电弓
空调设备
架线
最新式车辆的车门上方有液晶显示器
信息屏
下一站是……
驾驶座
可以看到停靠站点等各种信息
连接器
信息管理系统（TIMS）
监控着速度、车门的开关、空调等各种与列车相关的信息
自动列车停止装置（ATS）
它能从地面设备接收信号，并自动采取制动措施

电力机车是利用电力来行驶的。在电力机车车顶有菱形的受电弓，通过弹簧压在叫作架线的电线上。从电力公司输送出来的电力经过架设在电力机车线路上方的架线，受电弓从架线获取电力。获取的电力经由列车地板下方的控制设备输送到车轮旁的电动机，电动机就开始旋转。接着由齿轮把电动机的旋转传递给车轮，电力机车便开始行进了。

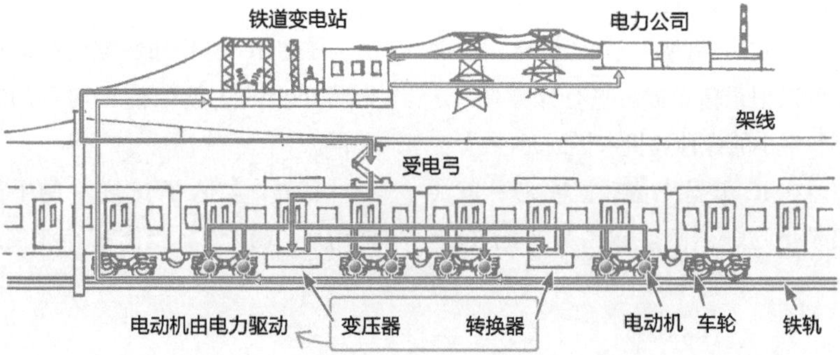
铁道变电站
电力公司
架线
受电弓
电动机由电力驱动
变压器
转换器
电动机
车轮
铁轨

无论是车轮还是列车通行的轨道都是钢铁制成的，是电力输送回路的一部分。

在电力机车的操作台上有用来调节运行速度的主控制器和制动设备以及显示控制装置的电压和速度的设备等。除了使用主控制器调节施加在电动机上的电压来控制速度，还有当速度超过规定限度时自动采取制动措施的自动列车停止装置（ATS）等监控着列车的行驶。

电力机车车轮的形状稍有些与众不同。车轮断面的形状是向着轨道内侧变宽，呈梯形。车轮的一端安装着称为轮缘的突出物，它的作用是防止车轮从轨道上脱出。转弯时电力机车会向内侧倾斜，同时还会受到向外的力。但由于车轮的断面呈梯形，外侧的车轮直径比内侧的车轮直径稍大，因此车辆即使在高速行进时也能顺利转过弯道。

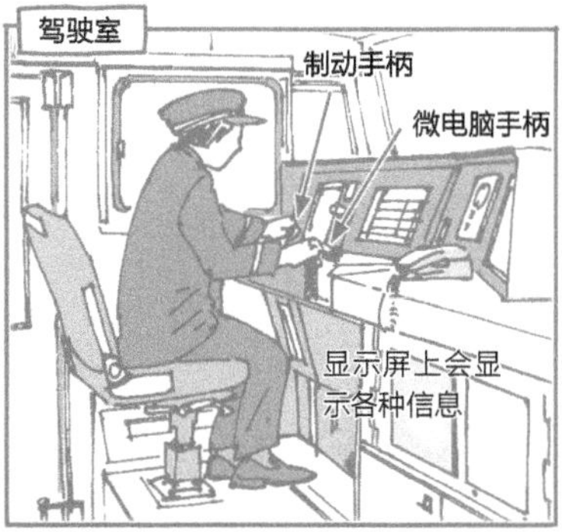
驾驶室
制动手柄
微电脑手柄
显示屏上会显示各种信息

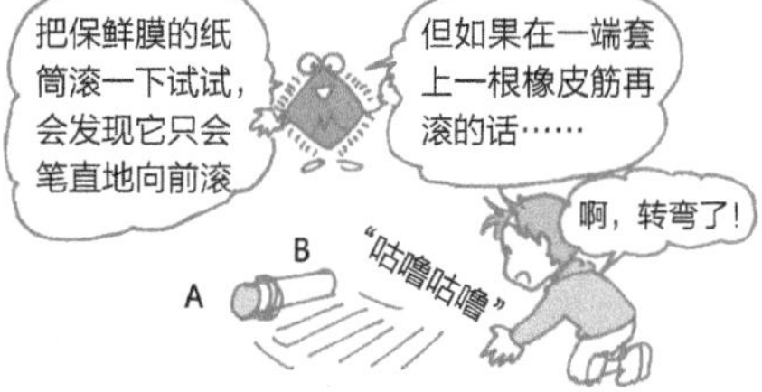
把保鲜膜的纸筒滚一下试试，会发现它只会笔直地向前滚
但如果在一端套上一根橡皮筋再滚的话……
啊，转弯了！
B
A
"咕噜咕噜"

由于套上了橡皮筋，A 端的行进距离要长于 B 端所行进的距离，所以就会朝着 B 端转弯。
电车车轮的设计也是使它的外侧比内侧能行进更长的距离

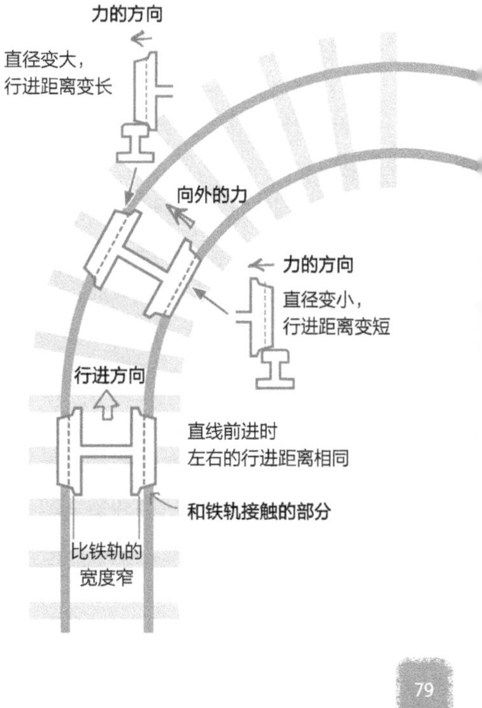
力的方向
直径变大，
行进距离变长
向外的力
力的方向
直径变小，
行进距离变短
行进方向
直线前进时
左右的行进距离相同
和铁轨接触的部分
比铁轨的
宽度窄

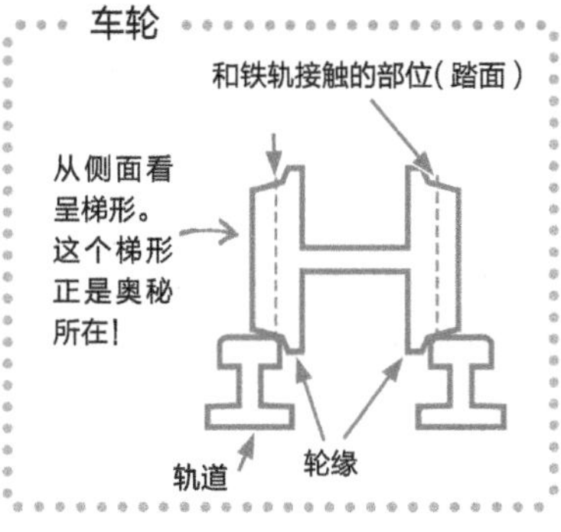
车轮
和铁轨接触的部位（踏面）
从侧面看
呈梯形。
这个梯形
正是奥秘
所在！
轨道
轮缘

微波炉

微波炉是利用微波使食物中所含的水分子产生振动来加热食物的。

微波炉是由有转盘的炉腔，有炉门开关和开始按钮等元器件的控制装置，高压机组和高压变压器等构成的电源系统以及产生微波的磁控管和冷却风扇等组成的。

磁控管是一种能够产生频率为 2450MHz 的高频微波的真空管。也就是说从磁控管以每秒 24.5 亿次的频率，在正极和负极之间交替发射微波。

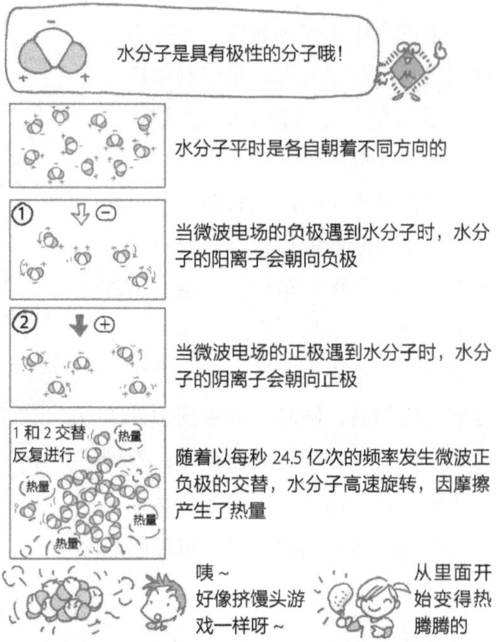
水分子是具有极性的分子哦！
水分子平时是各自朝着不同方向的
①
当微波电场的负极遇到水分子时，水分子的阳离子会朝向负极
②
当微波电场的正极遇到水分子时，水分子的阴离子会朝向正极
1 和 2 交替反复进行
热量
随着以每秒 24.5 亿次的频率发生微波正负极的交替，水分子高速旋转，因摩擦产生了热量
咦～好像挤馒头游戏一样呀～
从里面开始变得热腾腾的

当微波的正极遇到水分子时，水分子中的阴离子会被吸引，当微波的负极遇到水分子时，水分子的阳离子会被吸引。如此一来食物里的水分子就开始不停旋转，因这种旋转产生的摩擦热就会让食物变热。

微波具有能穿过陶瓷材料而遇到金属材料会反射回来的性质。所以微波在炉腔内会持续反射直到遇到食物，由此便能提高加热效率。

此外，微波是一种频率为 300~3000MHz 的电磁波，也广泛使用于手机或卫星广播等领域，而微波炉采用 2450MHz 的频率是因为这个频率的微波最易和水分子的振荡产生共振，能最有效地加热食物。

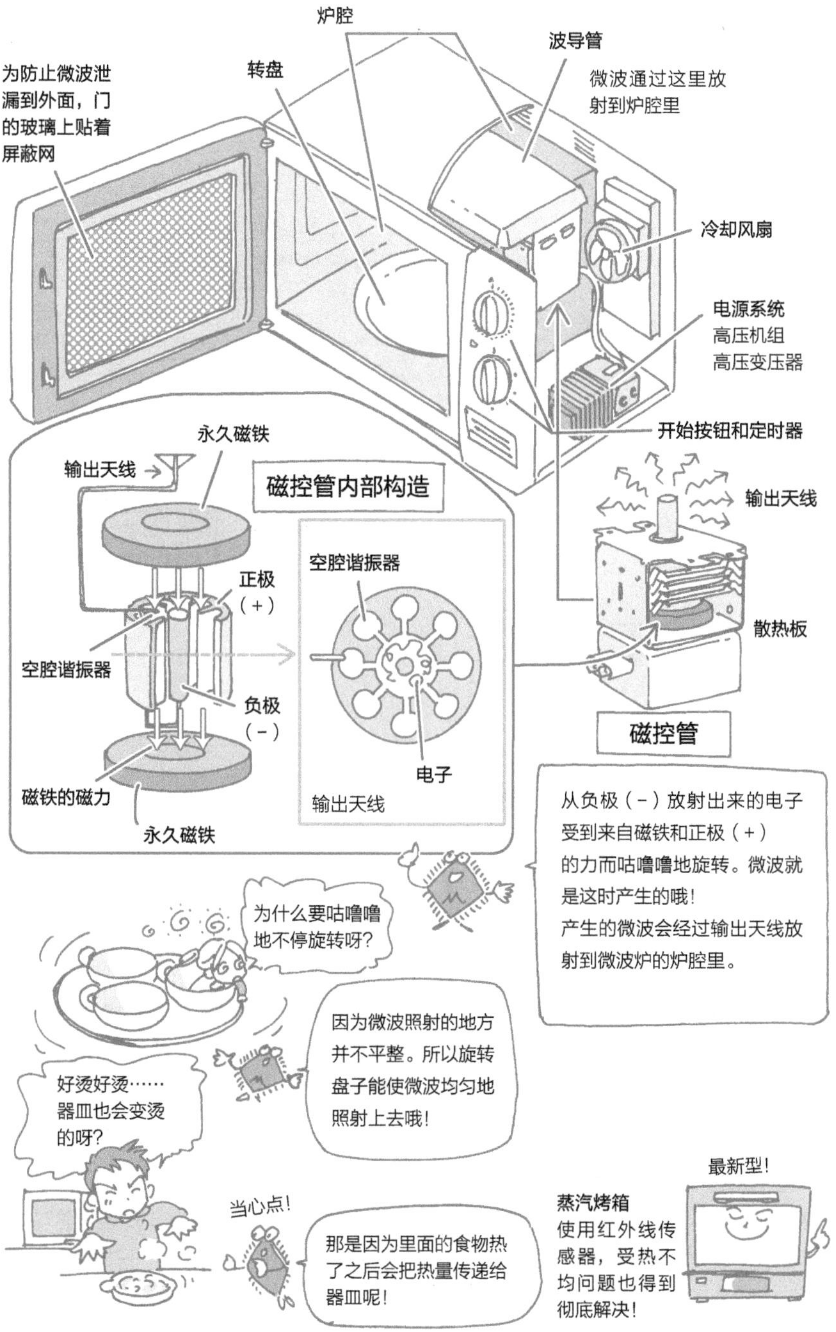
炉腔
转盘
波导管
微波通过这里放射到炉腔里
为防止微波泄漏到外面，门的玻璃上贴着屏蔽网
冷却风扇
电源系统
高压机组
高压变压器
开始按钮和定时器
永久磁铁
输出天线
磁控管内部构造
空腔谐振器
正极（+）
空腔谐振器
负极（-）
磁铁的磁力
永久磁铁
电子
输出天线
输出天线
散热板
磁控管
从负极（-）放射出来的电子受到来自磁铁和正极（+）的力而咕噜噜地旋转。微波就是这时产生的哦！
产生的微波会经过输出天线放射到微波炉的炉腔里。
为什么要咕噜噜地不停旋转呀？
因为微波照射的地方并不平整。所以旋转盘子能使微波均匀地照射上去哦！
好烫好烫……器皿也会变烫的呀？
当心点！
那是因为里面的食物热了之后会把热量传递给器皿呢！
最新型！
蒸汽烤箱
使用红外线传感器，受热不均问题也得到彻底解决！

电池

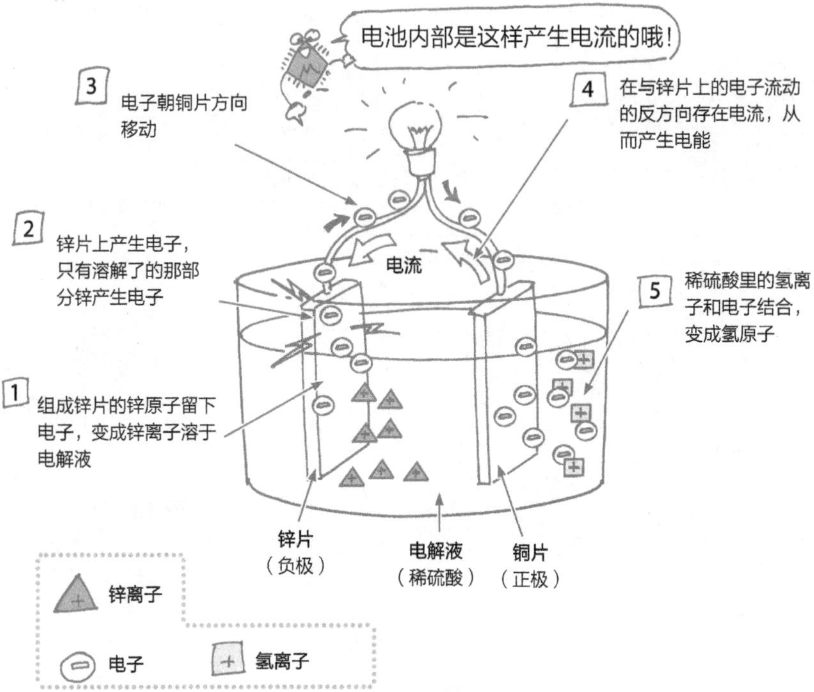
电池内部是这样产生电流的哦！
3 电子朝铜片方向移动
4 在与锌片上的电子流动的反方向存在电流，从而产生电能
2 锌片上产生电子，只有溶解了的那部分锌产生电子
电流
5 稀硫酸里的氢离子和电子结合，变成氢原子
1 组成锌片的锌原子留下电子，变成锌离子溶于电解液
锌片（负极）
电解液（稀硫酸）
铜片（正极）
锌离子
电子
氢离子

让我们来了解一下电池能够发电的原理。电池的结构是把作为“正极”材料的铜片和作为“负极”材料的锌片用导线连接起来，再浸泡在稀硫酸（浓度较小的硫酸）——一种易于导电的电解液里。

锌原子一接触到稀硫酸会留下电子，变成锌离子溶解于稀硫酸中。留下的电子经导线传送，向铜片方向移动，并和稀硫酸里的氢离子结合后变成氢原子。

电池内部就是这样发生着由两种物质接触后产生其他新物质的化学反应，同时电子发生移动。在这过程中，电流从正极流向负极便产生了电能。

不过，所有的物质都是由小得连

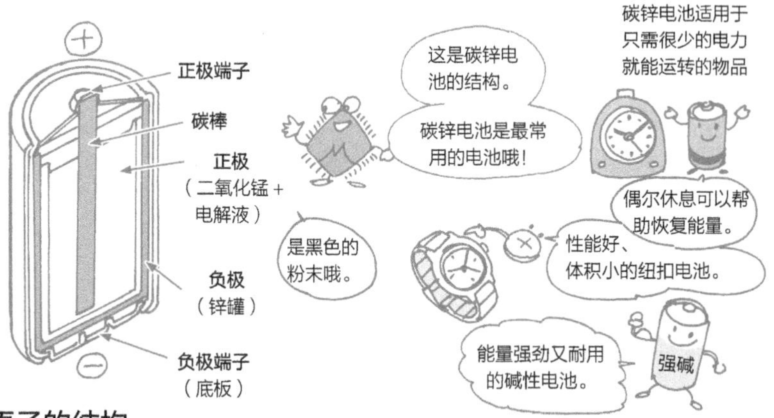

正极端子
碳棒
正极
（二氧化锰＋
电解液）
负极
（锌罐）
负极端子
（底板）
这是碳锌电池的结构。
碳锌电池是最常用的电池哦！
是黑色的粉末哦。
碳锌电池适用于只需很少的电力就能运转的物品
偶尔休息可以帮助恢复能量。
性能好、体积小的纽扣电池。
能量强劲又耐用的碱性电池。
强碱

★ 原子的结构

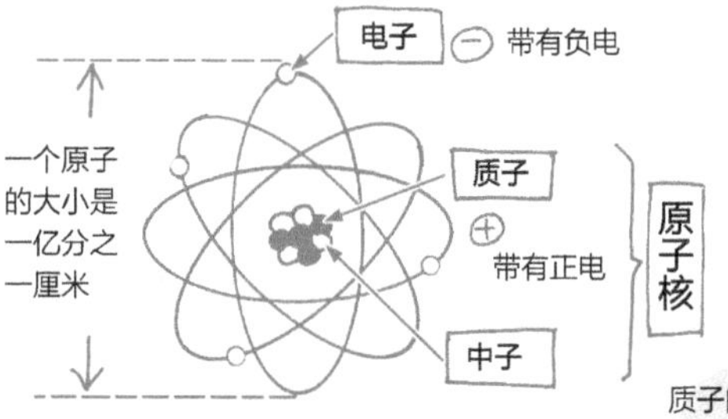

电子
带有负电
一个原子的大小是一亿分之一厘米
质子
带有正电
原子核
中子

在原子的中央是原子核，它四周有电子在旋转。
原子里带正电的质子的数量和带负电的电子数量相等，因此相互抵消，于是原子就不带电了。

质子的数量
电子的数量

眼睛都看不见的原子集合而成的。这样说起来大概有点不太容易明白，大家可以看上方关于原子构成的图片。

碳性电池的外壳是由作为负极材料的锌制成的。它内部塞满了作为正极材料的二氧化锰和电解液结晶的黑色粉末。另外，它的正中间嵌入了一根起到导体作用的碳棒。用容易导电的导线连接电池上面圆形凸起的正极端子和下面平坦的负极端子，就产生电流了。

纽扣电池

在 18 世纪后半叶，意大利物理学家伏特发明电池后，相关科学家对电又做了很多研究。电压的单位“伏特（V）”源于物理学家伏特的名字。此外，刚开始时电解液使用的是液体，而现在使用干燥的粉末，因此这样的电池被称为干电池。

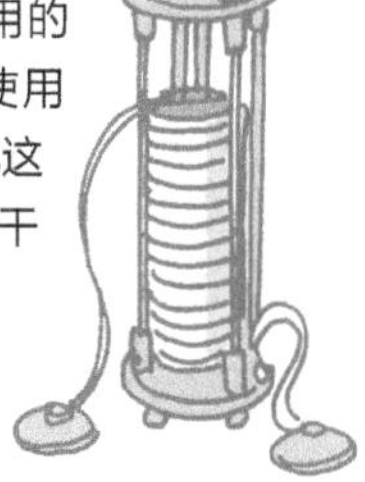

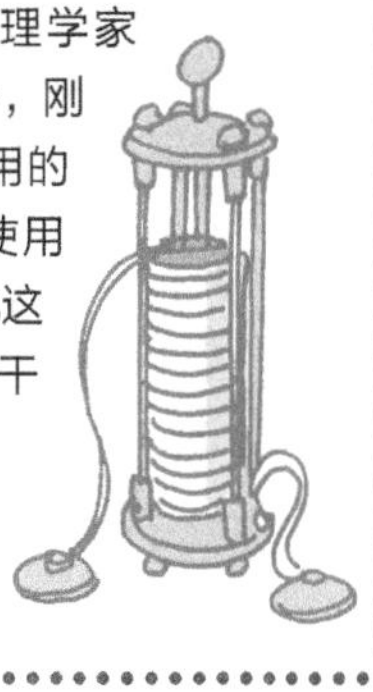

电话机

大家有过制作简易电话的经历吗？用一根棉线连接两个纸杯传递声音。电话也正是利用了这个原理。

喂~喂
喂喂
喂喂
棉线电话是靠棉线的振动传递声音的哦！
听筒
显示屏
按钮
话筒

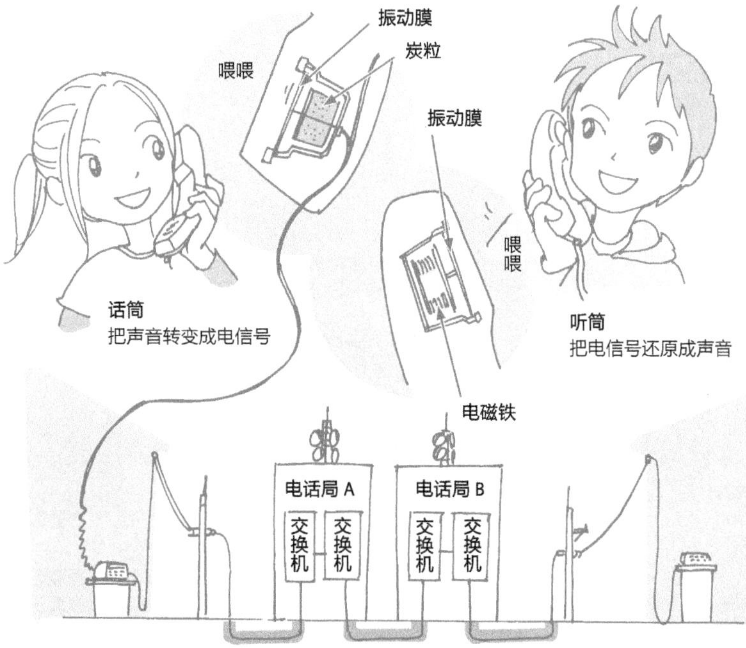

电话机主要由带有按钮的机身和接收对方声音的听筒以及传递声音的话筒组成。

打电话时，在传递声音的话筒里会把声音的振动转变成电信号，通过电线传递出去，而接收声音的听筒则是把传递过来的电信号再还原成声音。

在话筒里有振动膜和炭粒。振动膜因声音的振动而振动后会推动在它背后的炭粒，从而发生电流的变化，将声音转变成电信号。声音越大，振动膜的振动幅度越大，电流也越强。

在听筒里有电磁铁和振动膜。电信号传递过来后，电磁铁的强度会随电流强度的变化而变化，振动膜一会儿被电磁铁吸引一会儿又被放开就会产生振动，于是声音便被还原出来了。

说话的声音要传递到对方那里，需要通过电线传递电信号，再经过附近电话局里的交换机连接到对方所在地附近电话局里的交换机才能把声音送到。

像这样能和远方的人通话的电话是美国的亚历山大·贝尔在 1876 年发明的。贝尔发明的电话电信号太弱，杂音很多，很难听清对方在说什么。于是，1878 年，有“发明大王”之称的美国发明家托马斯·爱迪生对贝尔的电话进行了改良，使它成了像现在这样能听清对方说话的电话。

钟表

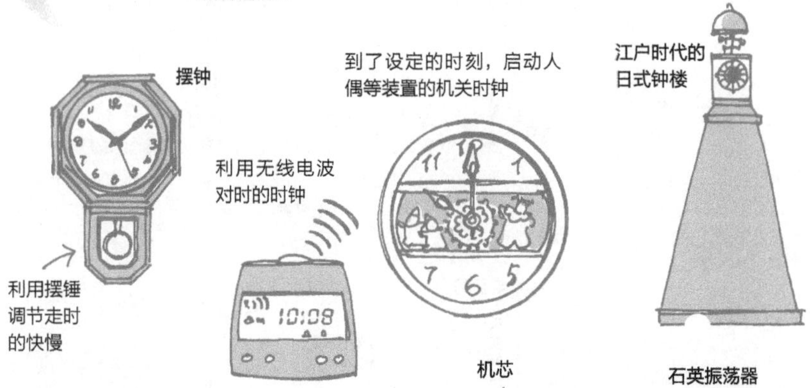

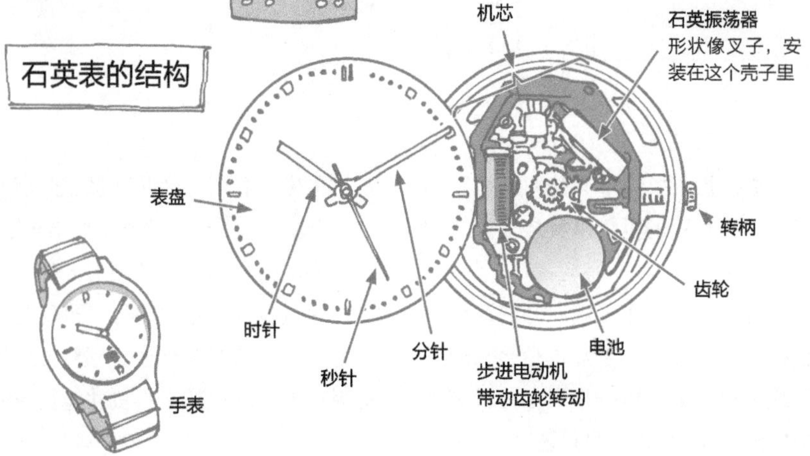

手表、挂钟、闹钟等钟表都是我们日常生活里密不可分的“好伙伴”。但如果它们走时不准的话，就失去存在的意义了。下面我们来了解如今最常用、走时精准的石英表的构造原理。

石英是水晶的矿物名称。在水晶上加上电压，它会产生非常稳定的振动。石英表就是利用了水晶的这个特性，为了让钟表走时准确，使用了叫作石英振荡器的水晶薄片。

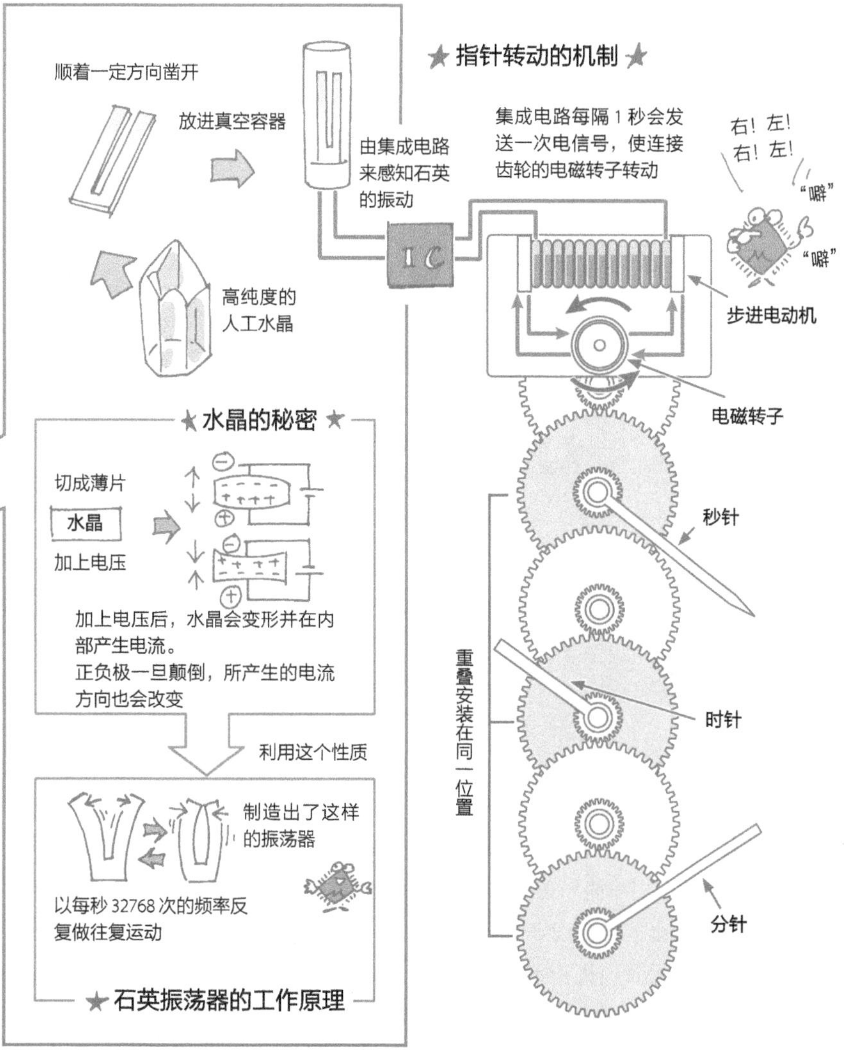
顺着一定方向凿开
放进真空容器
由集成电路来感知石英的振动
高纯度的人工水晶
★水晶的秘密★
切成薄片
水晶
加上电压
加上电压后，水晶会变形并在内部产生电流。
正负极一旦颠倒，所产生的电流方向也会改变
利用这个性质
制造出了这样的振荡器
以每秒 32768 次的频率反复做往复运动
★石英振荡器的工作原理
★指针转动的机制★
集成电路每隔 1 秒会发送一次电信号，使连接齿轮的电磁转子转动
右！左！
右！左！
"噼"
"噼"
IC
步进电动机
电磁转子
秒针
重叠安装在同一位置
时针
分针

石英振荡器以电池为动力源，每秒会反复振动 32768 次。这个振动会传递给集成电路，它是钟表的大脑，它会把这种振动转变成 1 秒振动 1 次的电流。接着这个电流被传递给步进电动机以带动齿轮转动。

钟表里有各种尺寸不一的齿轮。随着这些齿轮的转动，连接着各个齿轮的秒针、分针、时针便会指向正确的位置。

无人机

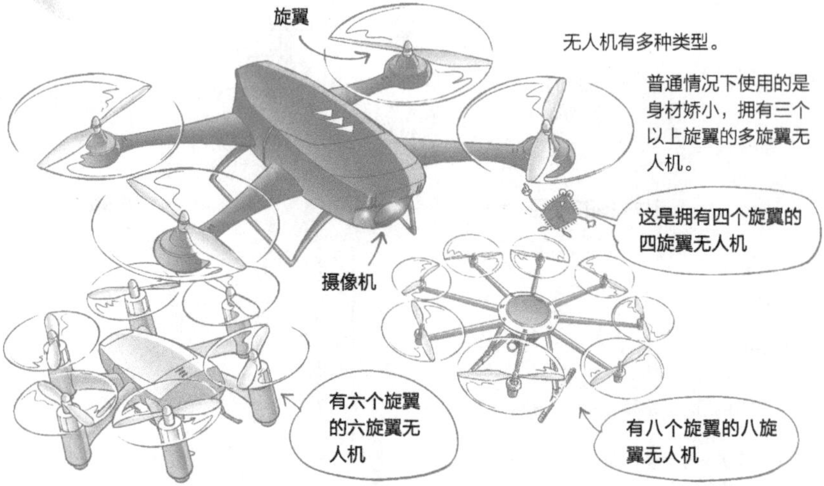
旋翼
无人机有多种类型。
普通情况下使用的是身材娇小，拥有三个以上旋翼的多旋翼无人机。
这是拥有四个旋翼的四旋翼无人机
摄像机
有六个旋翼的六旋翼无人机
有八个旋翼的八旋翼无人机

无人机以飞翔在空中的鸟类看到的角度来俯视地面，因拍下的影像使人印象深刻而被人们津津乐道。

无人机就是通过遥控或者自动控制来飞行的小型无人飞机，不过英语里叫作“Drone”，它的意思是指雄性蜜蜂。据说那是因为无人机的旋翼旋转时的“嗡嗡”声很像蜜蜂翅膀振动的声音，所以给它起了这么个名字。

无人机原本是军用的，但近年在民用方面也飞速普及开来。主要用于发生灾害时的航拍调查、土地测量、飞机机身检查、播撒农药，以及摄影爱好者们用来航拍照片或视频等，从个人到团体、企业，都使用无人机来完成各种各样的任务。此外，人们也尝试把无人机应用于快递服务、安保等领域。

下面我们来了解一下无人机的构造。无人机是通过电动机（或者发动机）驱动数个旋翼旋转，让机身“呼”地飞上天的。有些无人机能靠搭载在它上面的计算机实现自主飞行，但一般都是使用无线遥控器在地面上对它进行控制。最近几年也出现了一种使用智能手机或平板电脑作为控制器，只要下载专门的应用软件，通过Wi-Fi等连接就能操纵飞行的无人机，受到人们的欢迎。

无人机能自由自在飞行的原理

★ 上升

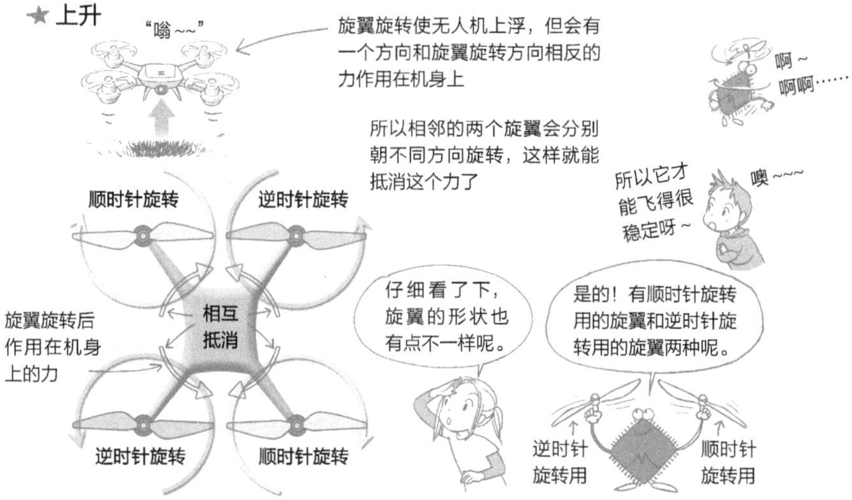

"嗡~~"
旋翼旋转使无人机上浮，但会有一个方向和旋翼旋转方向相反的力作用在机身上
啊~
啊啊……
所以相邻的两个旋翼会分别朝不同方向旋转，这样就能抵消这个力了
所以它才能飞得很稳定呀~
噢~~~
顺时针旋转
逆时针旋转
相互抵消
旋翼旋转后作用在机身上的力
逆时针旋转
顺时针旋转
仔细看了下，旋翼的形状也有点不一样呢。
是的！有顺时针旋转用的旋翼和逆时针旋转用的旋翼两种呢。
逆时针旋转用
顺时针旋转用

★ 前进　　★ 向右（左）平行移动　　★ 旋转

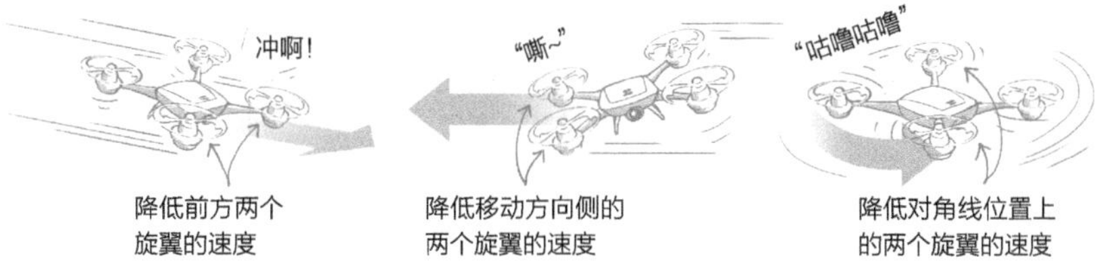

冲啊！
降低前方两个旋翼的速度
"嘶~"
降低移动方向侧的两个旋翼的速度
"咕噜咕噜"
降低对角线位置上的两个旋翼的速度

保持水平飞行的原理

"咻~~"
"嘎啦"
哎哟哟……
在大风里飞行姿态不稳定了！
计算计算！
要恢复到原来的状态得使用……
陀螺仪传感器

几乎所有的无人机上都装着摄像机哦！
在地面上使用无线遥控器或智能手机就能用它摄影。
有些还能从飞行着的无人机的视角来操纵呢。
无线遥控器

哎呀！
危险!!
不用慌！

能测出旋转速度和倾斜角度的陀螺仪传感器会迅速检查无人机的飞行姿态。并根据检查结果修正无人机机身的姿态。
智能手机里也有陀螺仪传感器哦！

条形码

贴在商品外包装上的条形码，在超市或便利店的收银处等地方大有用处，它使机器能够瞬间读取商品数据，迅速进行结账。

世界各地都使用条形码，依据国际物品编码协会制定的规则，使用 13 位数字来表示各种信息。

排成一排的条纹就是把它们底下写着的数字换算成二进制后的暗号。每个数字对应 7 个宽度相同的竖条，“1”的话就涂成黑色，“0”的话就涂成白色。

如果连续都是“1”，那么 7 个竖条就全部都是黑色，就会显示成一根粗条纹。此外，表示同一个数字的竖条的第一和最后一个会稍微长一些，以便和其他信息区分开。

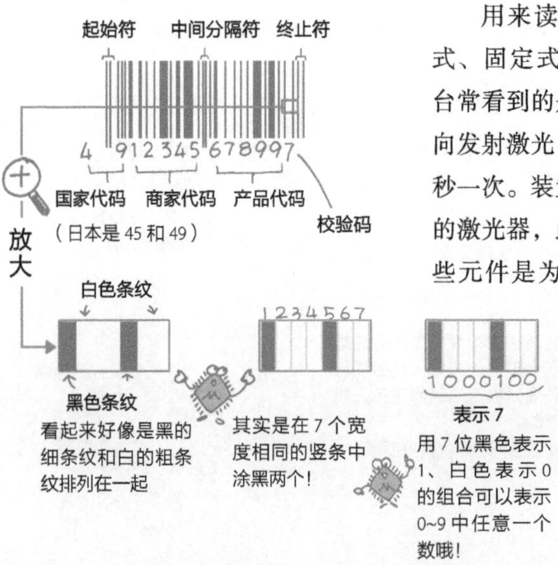

当光照射到条形码时，只有白色部分会充分反射，把反射结果转换成波形的电信号是呈山谷形的。在山谷形的图里，山读取为“1”，谷读取为“0”，于是就能把事先隐藏在这 7 位“1”和“0”的组合里的数字给读出来了。当收银台的机器把全部数字都读取完毕后，就会得到有相关记录的商品的金额并计算出最后的总额。

用来读取条形码的装置有触碰式、固定式和笔型等。在超市收银台常看到的是固定式，它朝着所有方向发射激光，发射频率为几万分之一秒一次。装置里有传感器和发射激光的激光器，此外还有很多镜子等，这些元件是为了保证让激光向各个角度发射，使得通过装置上方的商品无论处于什么样的角度，读取装置都能读取到条形码上的信息。

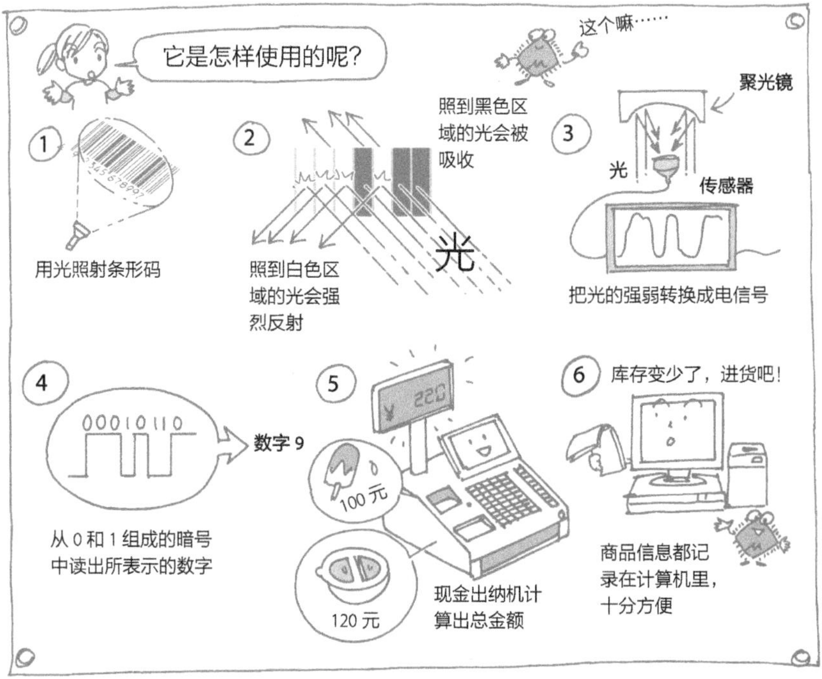
它是怎样使用的呢？
这个嘛……
1
用光照射条形码
2
照到黑色区域的光会被吸收
光
照到白色区域的光会强烈反射
3
聚光镜
光
传感器
把光的强弱转换成电信号
4
00010110
数字 9
从 0 和 1 组成的暗号中读出所表示的数字
5
¥ 220
100 元
120 元
现金出纳机计算出总金额
6
库存变少了，进货吧！
商品信息都记录在计算机里，十分方便

各式各样的读取设备（条形码扫描器）

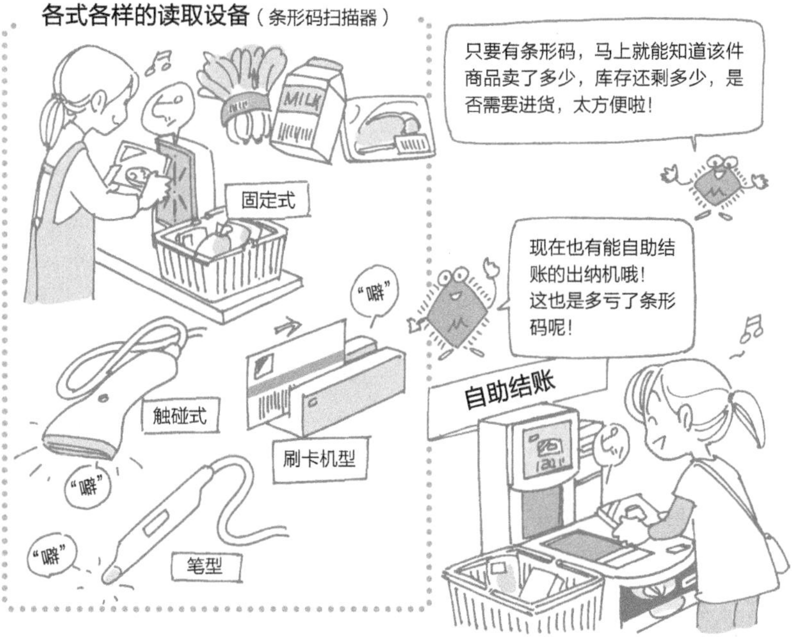
MILK
固定式
触碰式
"噼"
刷卡机型
"噼"
笔型
"噼"
只要有条形码，马上就能知道该件商品卖了多少，库存还剩多少，是否需要进货，太方便啦！
现在也有能自助结账的出纳机哦！
这也是多亏了条形码呢！
自助结账

剪刀

剪刀能把布或纸张整整齐齐地剪开，它的工作原理是什么呢？

剪刀是利用杠杆原理发明的工具。所谓杠杆原理，就是指两个重物平衡时，它们与支点的距离与重量成反比。

剪刀由两片刀刃组成。两片刀刃的中心部分用螺钉固定，使两片刀刃相互交错把纸张等剪开。这时，中心部分属于支点，手握着的部分是施力点，刀刃则相当于受力点。在施力点上只要稍稍用力，就能剪断厚厚的纸张或树枝等物品。

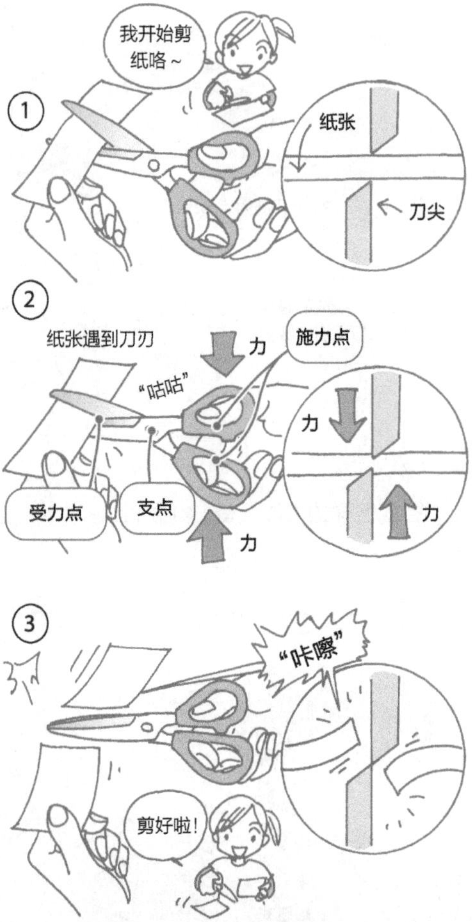

刀刃的材料随剪刀的种类不同而不同，有用铁制成的，也有用钢制成的。为了把这些材料制作成剪刀的刀刃形状且坚硬耐用，需要对它们进行淬火和回火处理。此外，要使刀刃锋利，还需要研磨刀刃并进行调整，直到两片刀刃间毫无缝隙。

剪刀刀尖的角度也得根据所要剪的物体来选择。剪诸如金属等坚硬的物体时，要选择刀尖角度大的剪刀，反之，剪棉线等柔软的物体时，要选择刀尖角度小的剪刀。

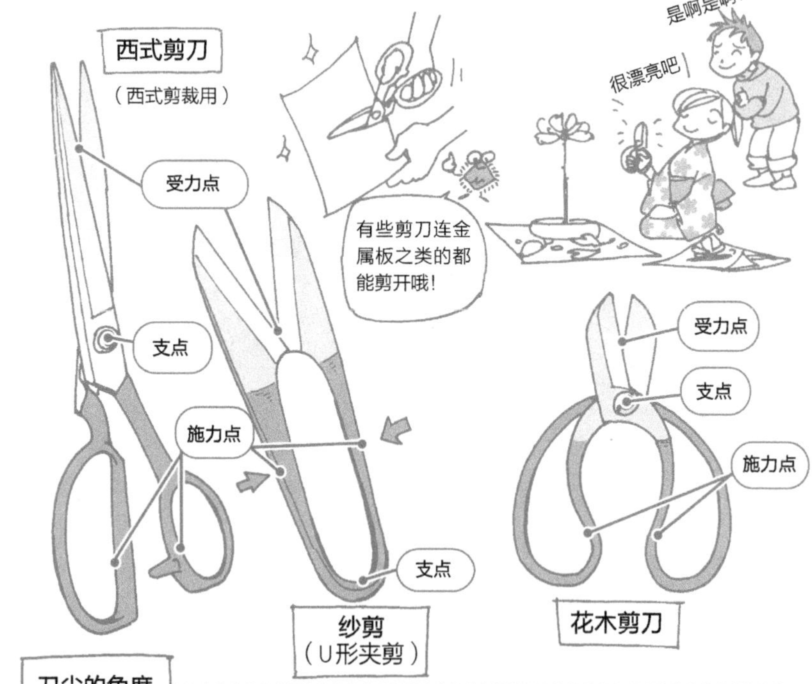
西式剪刀
（西式剪裁用）
受力点
支点
施力点
纱剪
（U形夹剪）
支点
有些剪刀连金属板之类的都能剪开哦！
很漂亮吧
是啊是啊！
受力点
支点
施力点
花木剪刀

刀尖的角度

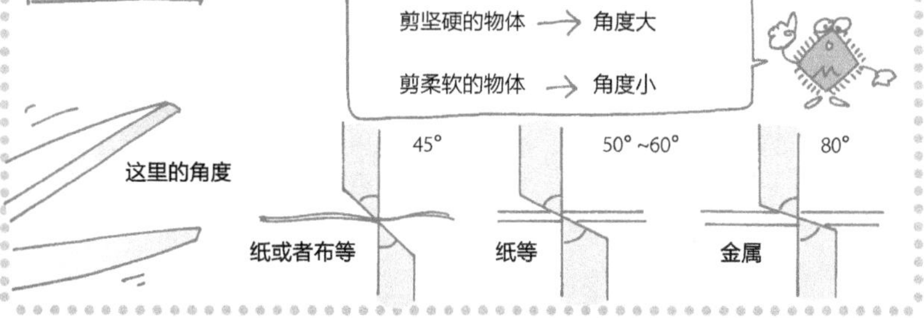
剪坚硬的物体 → 角度大
剪柔软的物体 → 角度小
这里的角度
45°
50°~60°
80°
纸或者布等
纸等
金属

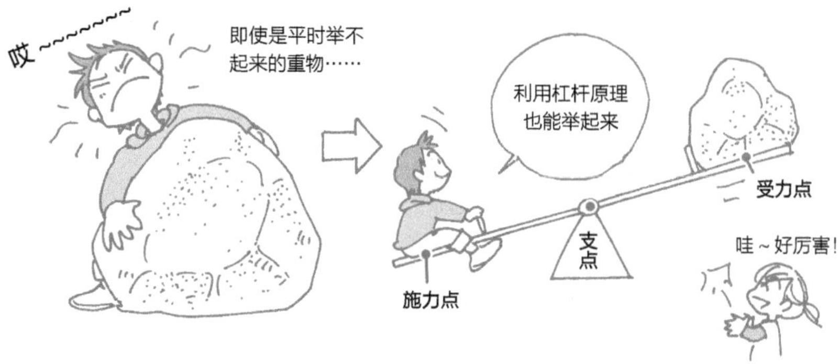
哎~~~~~~~
即使是平时举不起来的重物……
利用杠杆原理也能举起来
受力点
支点
施力点
哇~好厉害！

个人电脑

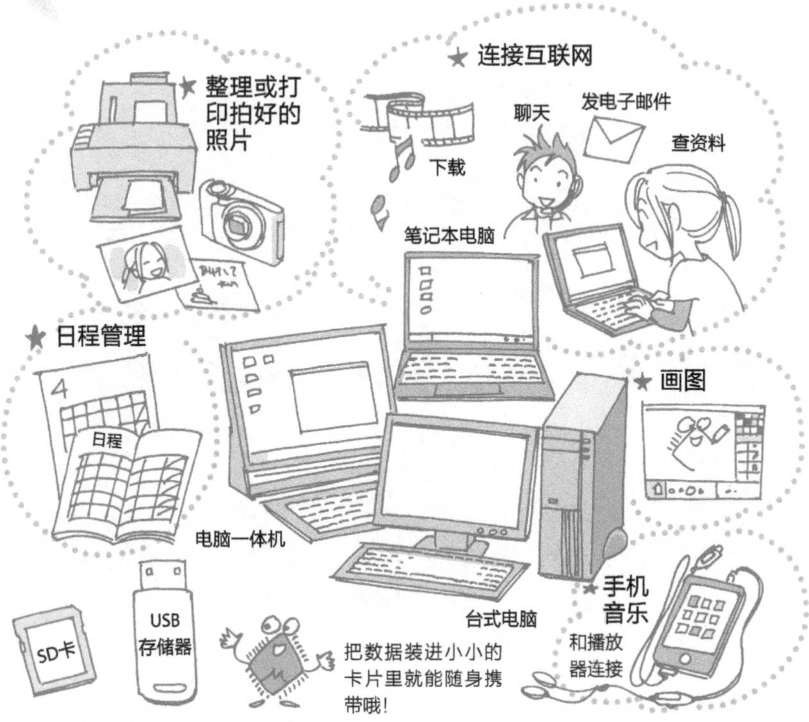

个人电脑也叫作PC，是英语Personal Computer的缩写。

个人电脑神通广大。能用来在互联网上查找资料、与世界各地的人用电子邮件通信、写文章、画图、玩游戏、听音乐以及用自己拍摄的照片来设计贺年卡，或者轻松简单地制作日程表或记账等。用电脑制作出来的东西能够保存，也能反复重新制作。无论是工作还是娱乐，电脑都能有求必应。

那电脑内部的结构是什么样的呢？电脑是由机械部分（硬件）和其中安装的软件一起协同工作的。软件

电脑的内部设备和外部设备

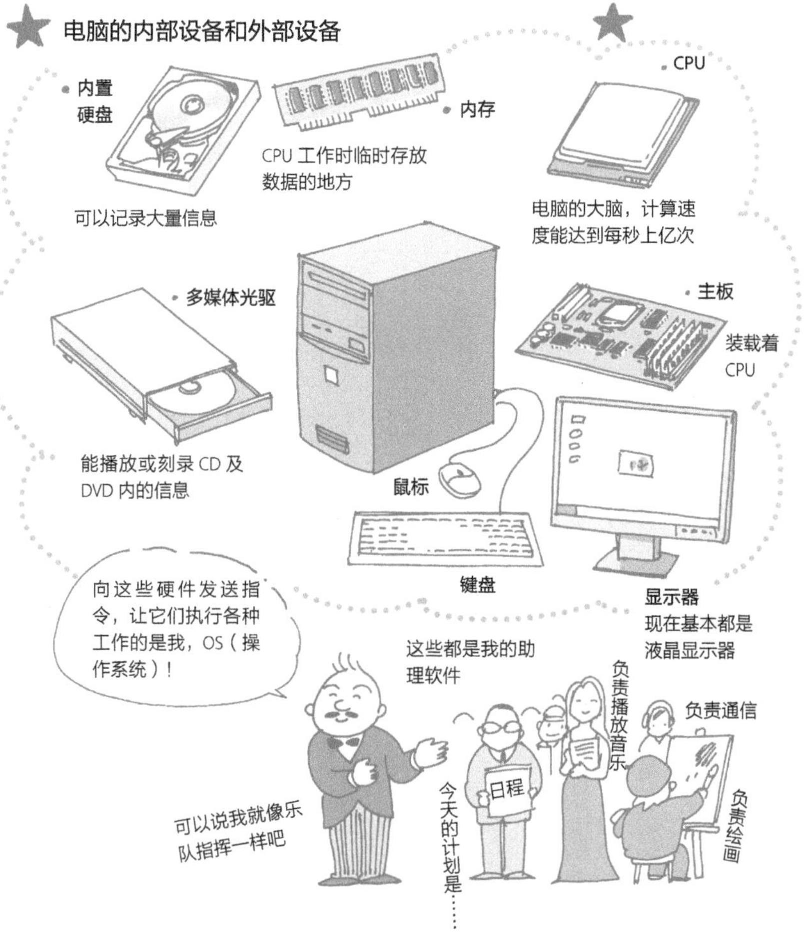
内置硬盘
可以记录大量信息
内存
CPU 工作时临时存放数据的地方
CPU
电脑的大脑，计算速度能达到每秒上亿次
多媒体光驱
能播放或刻录 CD 及 DVD 内的信息
主板
装载着 CPU
鼠标
键盘
显示器
现在基本都是液晶显示器
向这些硬件发送指令，让它们执行各种工作的是我，OS（操作系统）！
这些都是我的助理软件
可以说我就像乐队指挥一样吧
今天的计划是……
日程
负责播放音乐
负责通信
负责绘画

类似于驱动硬件的程序或命令。

在硬件里，担任最重要的工作的，是被称为电脑的大脑的 CPU。CPU 是一个邮票大小的元件，它可以对输入的数据进行每秒上亿次的计算。

除此以外，电脑内还有能储存大量信息的硬盘，能临时存放正在处理过程中的数据的"内存"等存储装置。外部有输入文字或数字的键盘和鼠标、展现文字或照片等的显示器以及播放声音的扬声器等装置。

电脑的软件里有掌控所有操作的 OS（操作系统）这样的基本软件，也有进行文章编辑、计算、上网、画图等特定操作所需要的应用软件。

光纤

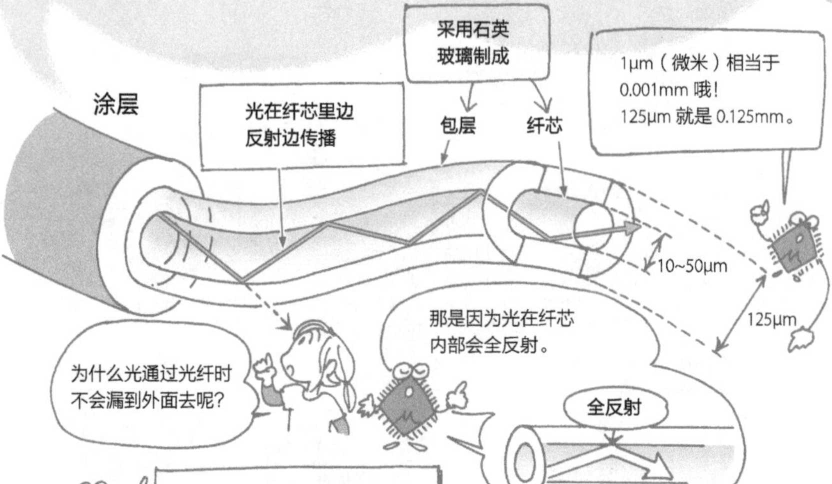
采用石英
玻璃制成
涂层
光在纤芯里边
反射边传播
包层
纤芯
1μm（微米）相当于
0.001mm 哦！
125μm 就是 0.125mm。
10~50μm
125μm
那是因为光在纤芯
内部会全反射。
为什么光通过光纤时
不会漏到外面去呢？
全反射

光的折射和全反射

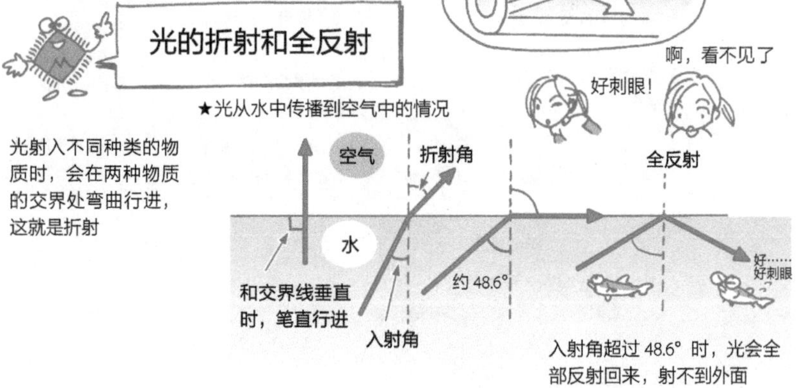
啊，看不见了
好刺眼！
★光从水中传播到空气中的情况
光射入不同种类的物
质时，会在两种物质
的交界处弯曲行进，
这就是折射
空气
折射角
全反射
水
和交界线垂直
时，笔直行进
入射角
约 48.6°
好……
好刺眼
入射角超过 48.6° 时，光会全
部反射回来，射不到外面

光纤是用像头发那么细的玻璃丝（玻璃纤维）制成的，是传递光信号的通信缆线。

光纤由叫作纤芯的中心部分和包裹着中心部分的包层组成。无论是纤芯还是包层都是使用高透明度的优质石英玻璃制成的。

光在空气中是直线传播的，但在水等透明的物质中，光会随其入射角的不同在水面发生弯曲而改变行进方向。这是因为水的密度比空气的密度大，光通过的速度会发生改变。在水里，光的行进角度一旦超过了一定程度，就会从原本只是偏离方向的折射变成所有的光线从水面反射回水里的全反射。

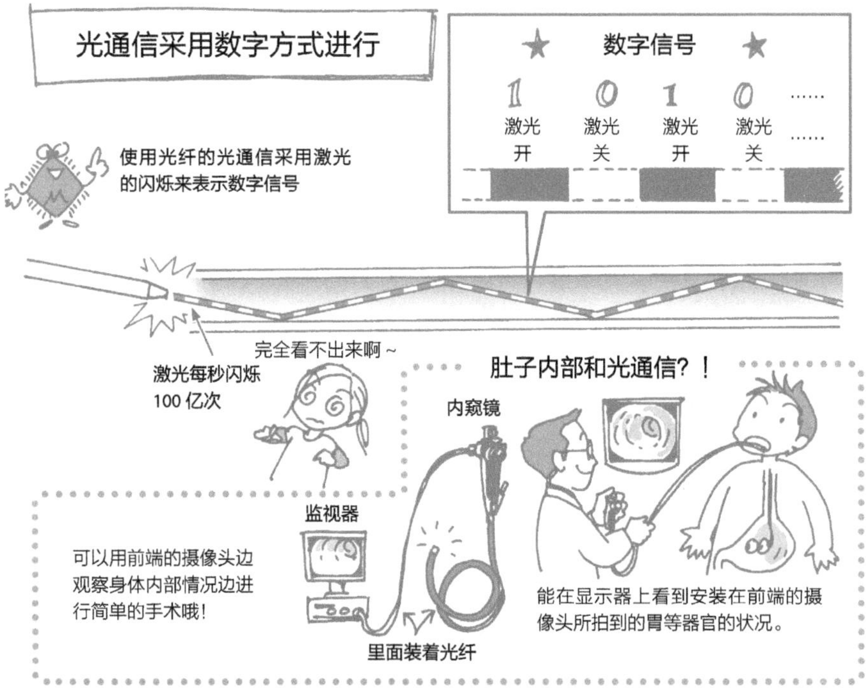
光通信采用数字方式进行
使用光纤的光通信采用激光的闪烁来表示数字信号
★ 数字信号 ★
1 0 1 0 ……
激光 开
激光 关
激光 开
激光 关
……
激光每秒闪烁100亿次
完全看不出来啊~
肚子内部和光通信？！
内窥镜
监视器
可以用前端的摄像头边观察身体内部情况边进行简单的手术哦！
里面装着光纤
能在显示器上看到安装在前端的摄像头所拍到的胃等器官的状况。

光纤利用光的这种性质把光信号封闭在缆线里，使它能高速稳定地传递大量信息。

借助光纤传递信号的通信方式叫作光通信。光通信使用能发射激光的激光器进行高速通信时，光信号以每秒约100亿次的频率，传送“1”和“0”的频闪信息。这种频闪使光信号以人类眼睛不可见的速度在缆线内部边反射边前进，一根光纤能把10万根电话线路所要传达的信息一下子就传递到。

光纤不止用于高速网络等通信领域，在医院接受胃部检查等时所使用的胃镜（纤维内窥镜）也是采用了光纤技术。

为光纤实用化做出贡献的查尔斯·高（高锟，Charles Kuen Kao）

2009 年度
诺贝尔物理学奖

中国香港中文大学前校长查尔斯·高从事研究使用光纤进行远距离信号传输的方法，他发现只要使用高透明度的玻璃就能实现大量光信号远距离传输。

飞机

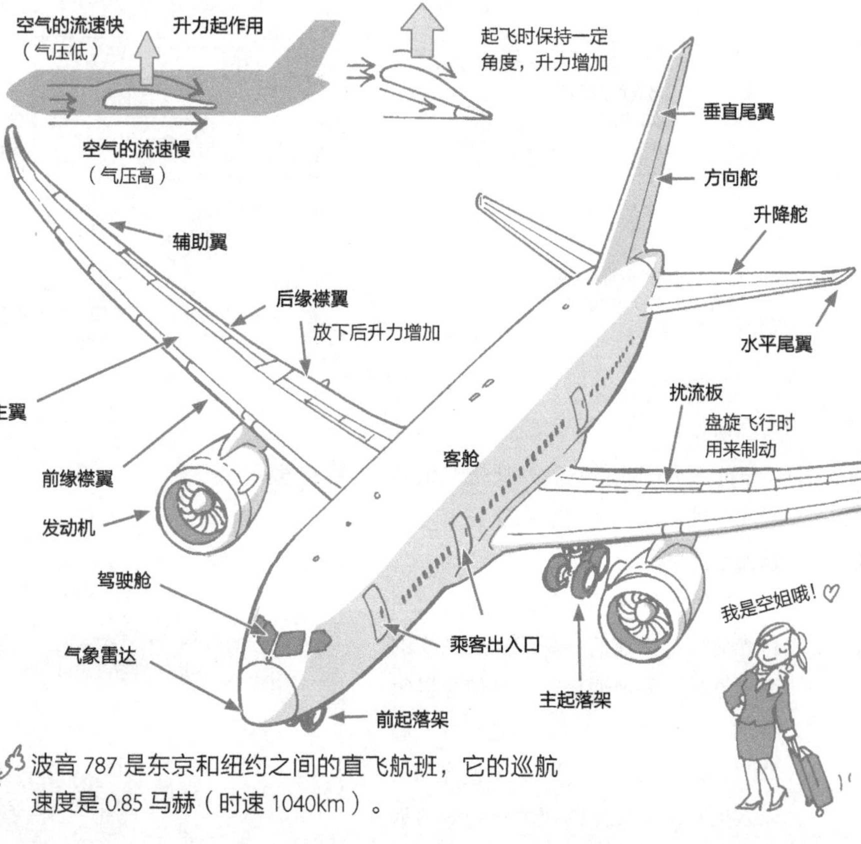

波音 787 是东京和纽约之间的直飞航班，它的巡航速度是 0.85 马赫（时速 1040km）。

飞机要在天空飞，最重要的就是它的机翼。飞机机翼的形状是下方相对比较平坦而上方略鼓。所以当机身在空气中横穿而过并且有风迎面而来时，机翼上方和下方的空气流速就会产生差异。经过机翼上方的空气比经过机翼下方的空气的流速更快。空气流速越快气压就越低，因此机翼上方的气压变低，于是便产生了把机翼由下往上托起的力（升力）。

最新型驾驶舱

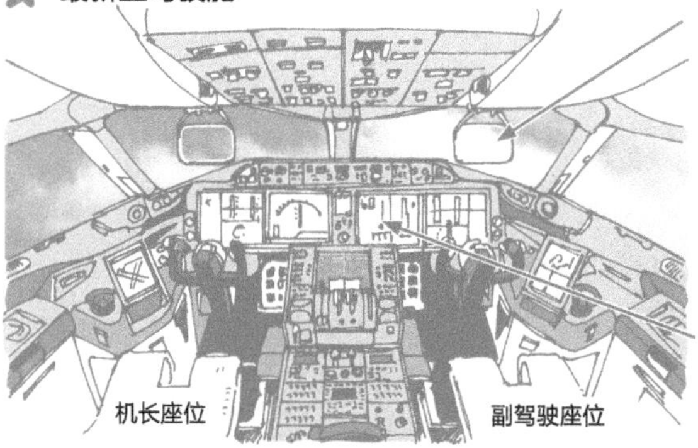

平视显示器是在飞行员眼前的玻璃板上显示速度和高度等信息的设备。有了它，飞行员就能边留意外部情况边查看速度、高度等信息了哦！
液晶显示器可以显示各种信息。
机长座位
副驾驶座位

好帅~~

涡扇发动机

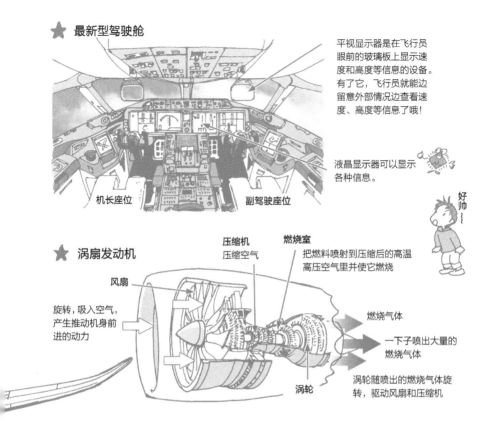

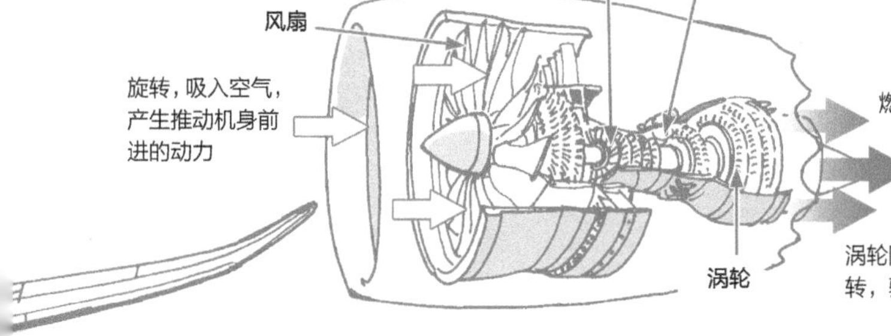

压缩机
压缩空气
燃烧室
把燃料喷射到压缩后的高温高压空气里并使它燃烧
风扇
旋转，吸入空气，产生推动机身前进的动力
燃烧气体
一下子喷出大量的燃烧气体
涡轮
涡轮随喷出的燃烧气体旋转，驱动风扇和压缩机

此外，经过机翼上方的空气的流速越大，升力也会越大。飞机受到的重力会把机身往下拉。要使机身飞起来，空气必须有足够的流速来产生巨大的升力。所以需要发动机强劲的喷射，并经过长长的跑道滑行助跑。

飞机的机翼除了机身左右两侧的主翼外，还有位于机身后方左右两侧的小小的水平尾翼以及垂直尾翼，它们可以防止机身上下摇晃和左右摇晃。

另外，机翼受到巨大的升力会随风晃动，为保持机翼和沉重的机身之间的平衡，会把燃料储存在机翼里。

在飞机的涡扇发动机里，从前方吸入的空气被压缩，高温高压的空气和喷射出的燃料混合在一起剧烈燃烧，于是借助这喷射着的燃烧气体的强大动力驱动风扇，就能推动机身前进。

如今几乎所有的大型喷气式客机都是由自动驾驶仪来控制。在驾驶舱里，飞行员的主要工作不再是操纵手柄，而是监视飞机的飞行状况以及对各种开关进行控制。

飞艇

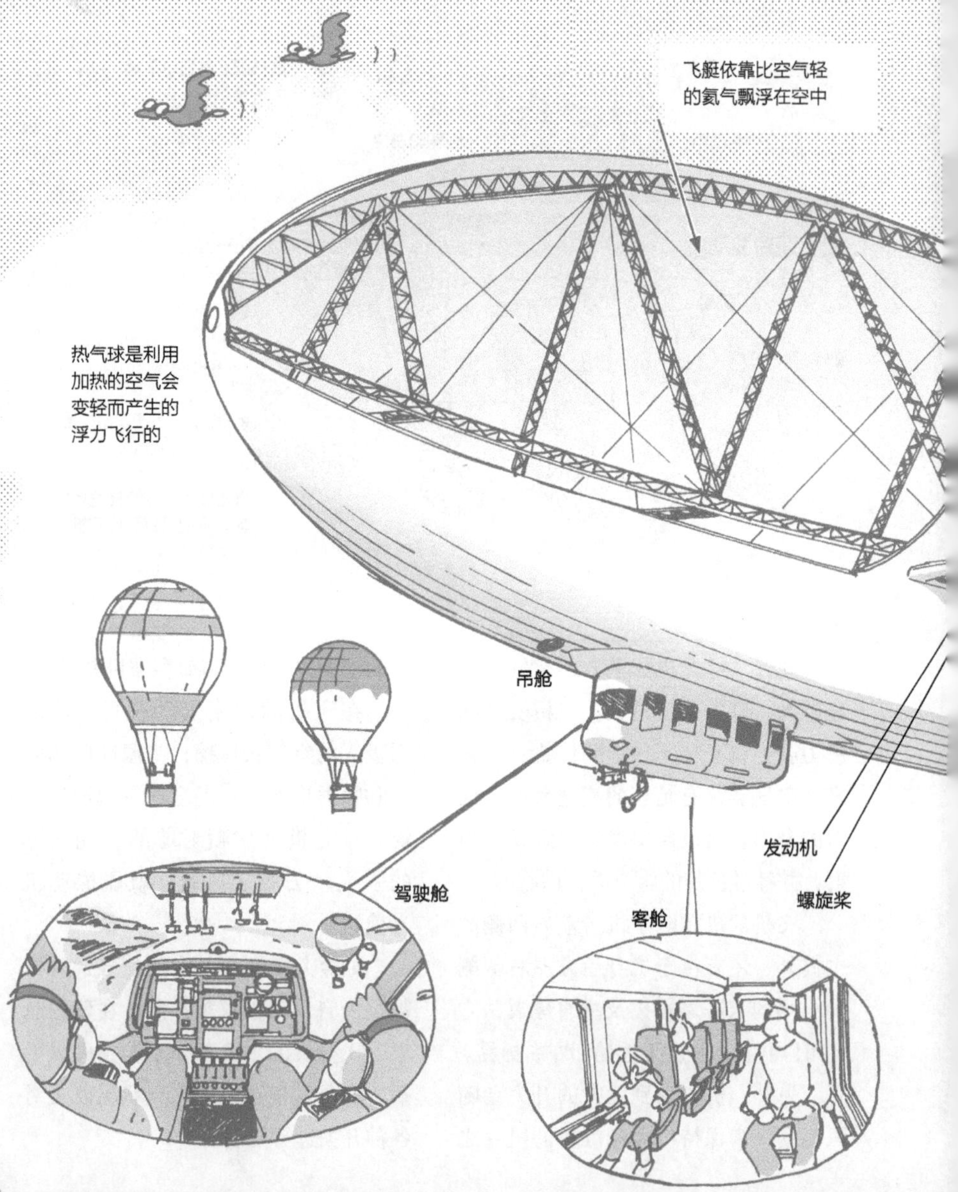
飞艇依靠比空气轻
的氦气飘浮在空中
热气球是利用
加热的空气会
变轻而产生的
浮力飞行的
吊舱
发动机
驾驶舱
螺旋桨
客舱

飞艇就像一艘大船行驶在水中一样飞在广阔的天空中。和它类似的飞行交通工具还有热气球。

飞艇和热气球之所以能够浮在空中，是因为在飞艇内部或热气球的球囊里充满了比空气还轻的气体。

同体积时，氦气的重量是空气的重量的七分之一，因此可以凭借这种气体的浮力浮在空中。

不过，热气球只能靠风的流动来移动。为了让热气球想去哪儿就去哪儿，在热气球上安装了发动机，发明了飞艇。

飞艇通过尾翼保持平衡、改变行进方向，借助发动机驱动螺旋桨旋转所产生的推力在空中飞行。

虽然飞艇有速度慢、不灵活的缺点，但它只要很少的燃料就能飞很长时间。最近出现了一种在地面上使用无线控制器来操纵的无人飞艇，被用来展示宣传广告。

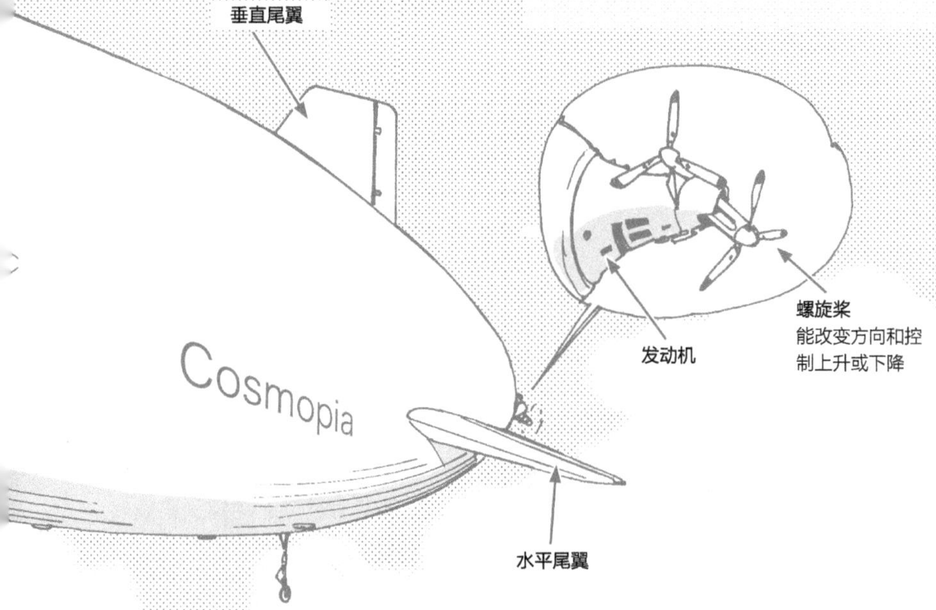

★ 着陆时

拆开才能看到的科学

风力发电设备

这是靠风力旋转风车来发电。
它的原理是什么呢？
"呼~~呼~~呼"
它们通常在风力强劲的海岸边或
岛上等地方。

根据风车形状的不同，风力发电设备分为横轴式和立轴式两大类。

横轴式风力发电设备的叶片旋转轴与地面平行。这类设备里最具代表性的是著名的荷兰风车造型的荷兰式风力发电机和在日本经常能看见的由数片叶片组成的螺旋桨风力发电机。

横轴式风力发电设备的特点是能够高效地接受大量的风，但它只能接受来自同一方向的风，所以它必须根据风向改变自身的朝向。

立轴式风力发电设备的叶片旋转轴与地面垂直，它无须改变朝向就能接受来自四面八方的风。

尽管这两种发电设备的风车外表有差异，但产生电能的原理是一样的。

它们都是通过风驱动螺旋桨旋转带动传动轴旋转，进而驱动发电机来发电。

由于风力发电是利用自然界的风，所以它的缺点是发电量会随风的强弱而改变，不过毕竟风不像石油那样有枯竭的一天，而且发电时也不会产生有害气体，因此作为一种环保的新能源，它广受关注。

★ 风力发电设备有两种类型

横轴式

风车的叶片旋转轴与地面平行

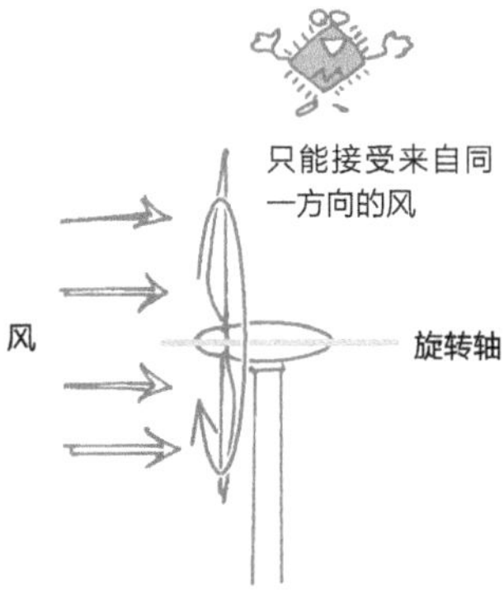

立轴式

风车的叶片旋转轴与地面垂直

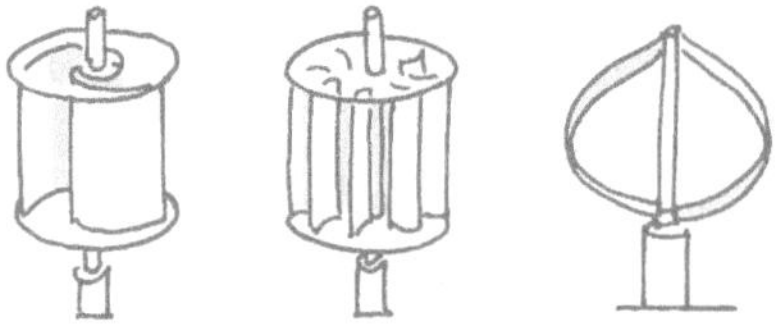

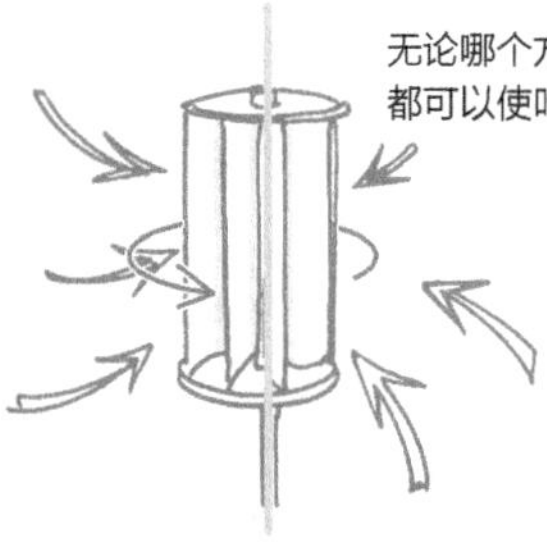

★ 螺旋桨风力发电机的构造

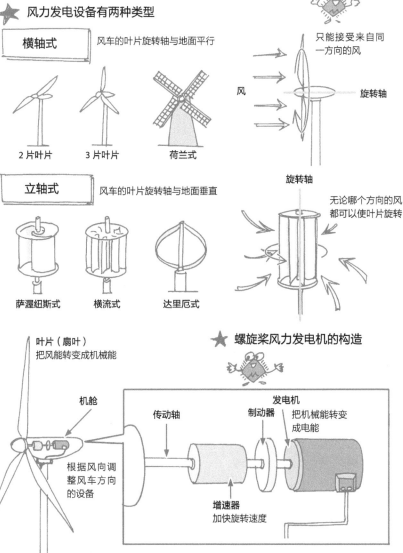

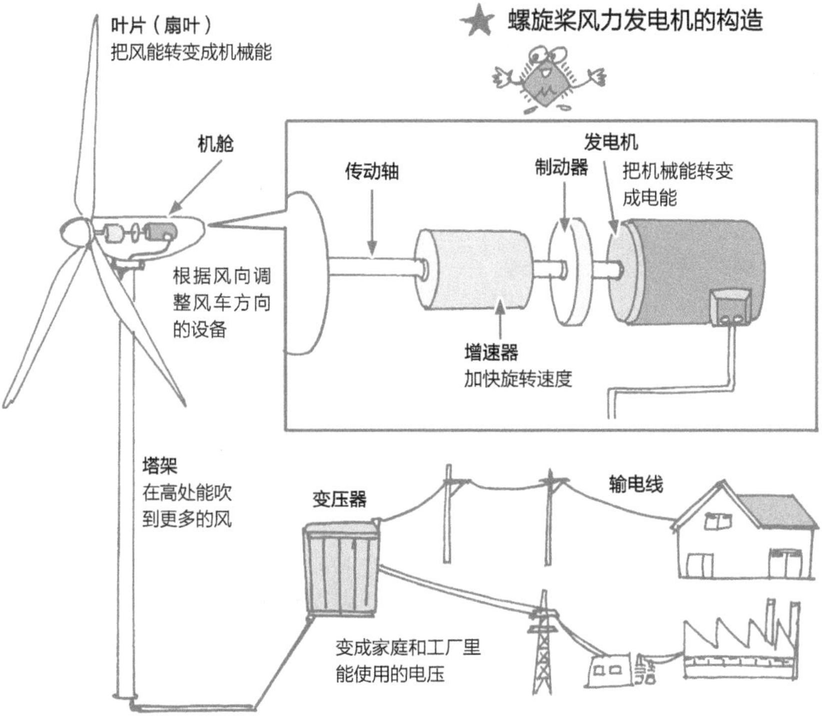

船舶

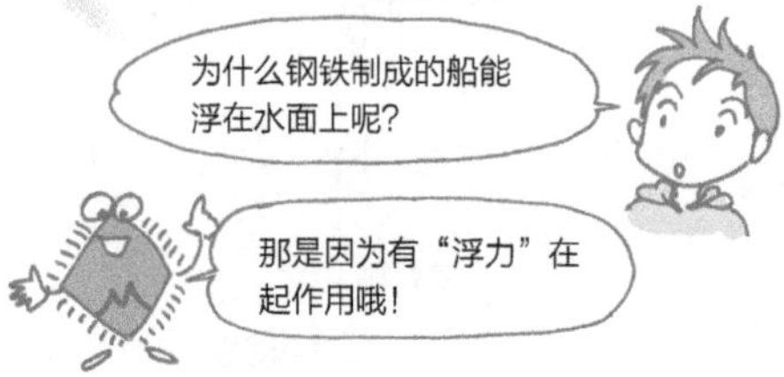
为什么钢铁制成的船能
浮在水面上呢?
那是因为有“浮力”在
起作用哦!

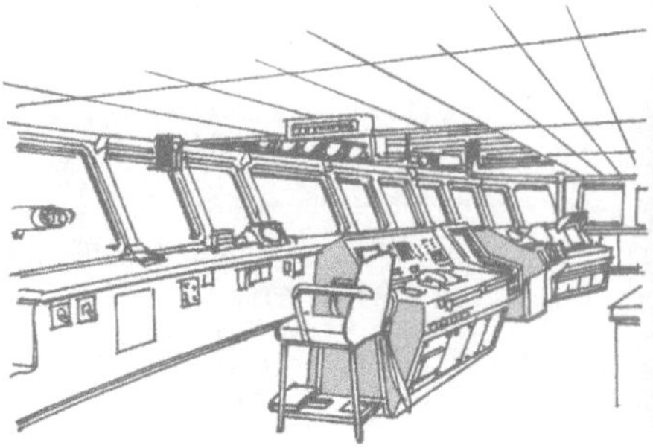

物体所受浮力的大小等于将它放入水中所排开的水的重力。

物体排开的水的重力＝浮力

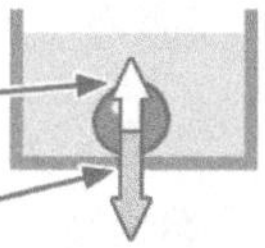
浮力
重力

想让铁球浮在水面上，可它总是沉下去。这是因为铁的重力大于浮力。

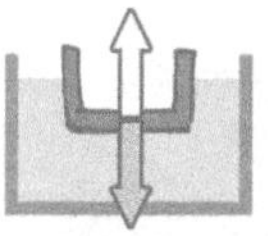

铁的重力＝浮力

然后将同等重量的铁制成容器，把它安放在水面上，居然浮起来了！
这是因为铁受到的浮力和重力刚好平衡。

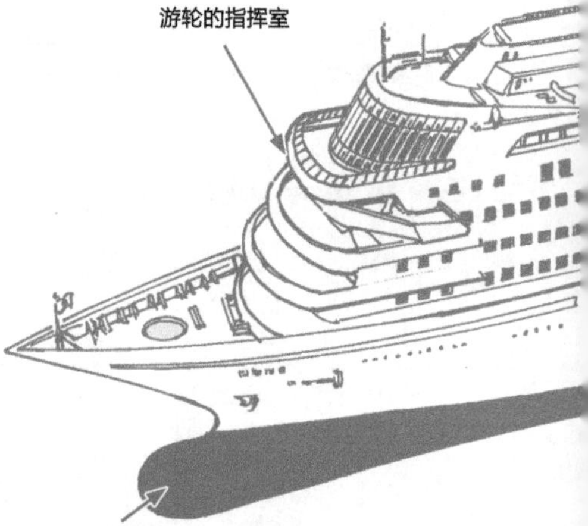
游轮的指挥室

球鼻艏
这个凸出的部分能消除水的阻力

有时会用“排水量”，即排开水的重量来表示船的吨位哦！

船舶依靠浮力能浮在水面上。所谓浮力，就是让物体浮起来的力。把一个物体放进水里后，就会产生方向向上的，和这个物体所排开的水的重力大小相等的力。当我们在浴缸里泡澡或者跳进游泳池里时会感觉到自己的身体一下子变轻了，就是因为浮力的作用。

接下来让我们来了解一下豪华游轮的工作原理吧。推动游轮前进的是发动机。在位于游轮底部的发动机舱，有台巨大的、拖拉机等也会使用的柴

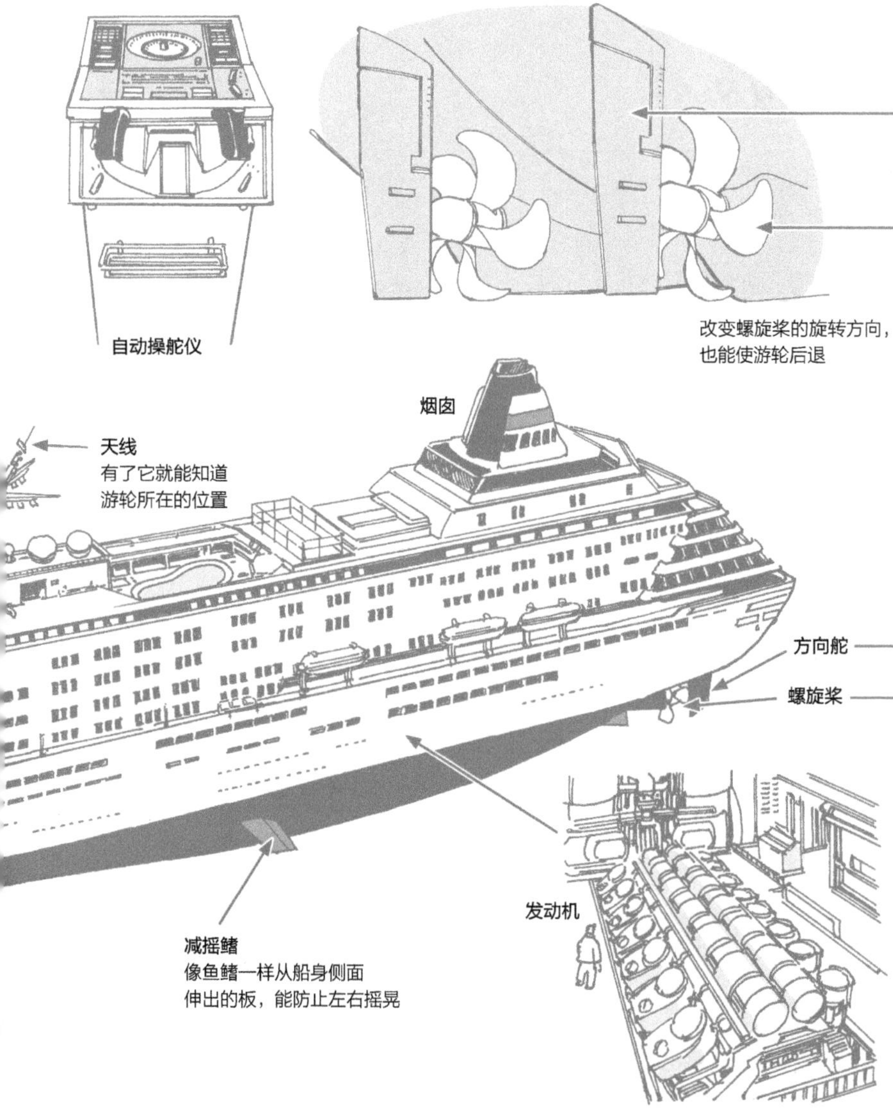

油发动机。这台发动机带动安装在船尾的螺旋桨高速旋转产生水流，推动游轮前进。

在螺旋桨附近装有方向舵，它左右摆动时游轮就会改变行进方向。

在游轮上，柴油发动机还用来发电。发动机工作所散发出的热量会被用来烧开水或者作为暖气。在游轮的指挥室里可以远程操控发动机或方向舵。

直升机

依靠机身上方的机翼旋转飞行的直升机十分灵活敏捷，所以常用于山地救援、广播采访、物资运输等各个领域。

直升机是旋转着上方的主旋翼像竹蜻蜓一样飞行的。

★ 产生升力的原理 ★ 升力

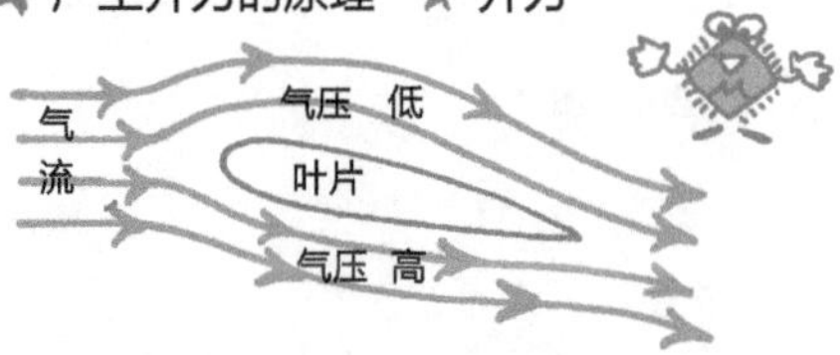

机翼上方的空气流速快，所以气压低；下方的空气流速慢，所以气压高。于是产生了向上的力（升力）。

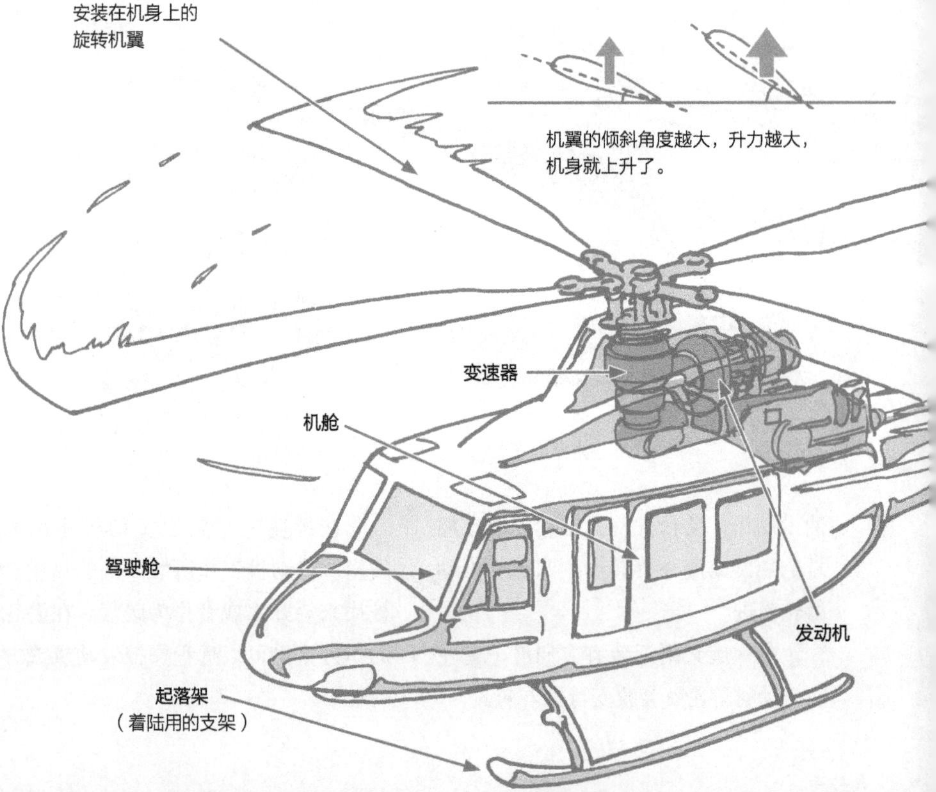

机翼的倾斜角度越大，升力越大，机身就上升了。

直升机机翼的断面，是下侧较直、上侧稍微带点弧形。所以机翼在发动机的驱动下旋转起来，风经过它时，机翼上方的空气比下方的空气流速快，于是就产生了升力，直升机就飞起来了。

驾驶直升机是通过调节和控制安装在驾驶舱里的操纵杆及踏板等来进行的。想让直升机向前飞行时，调节主旋翼向前方倾斜，就会同时产生升力和向前的推力，于是直升机便向前行进了。

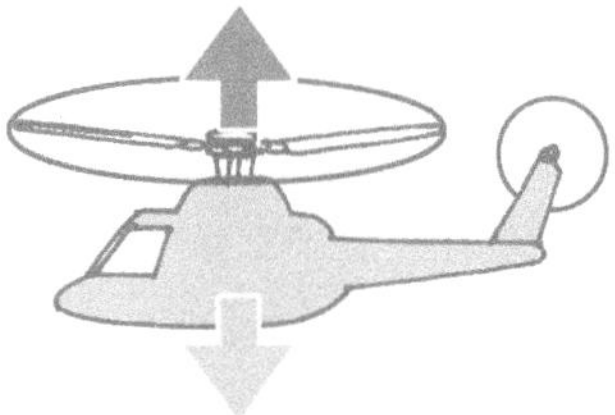

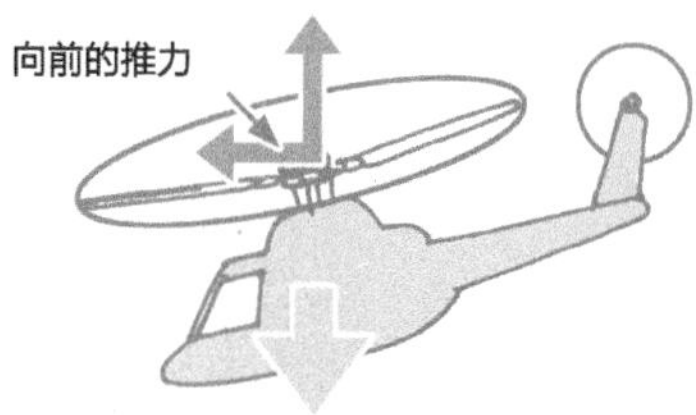

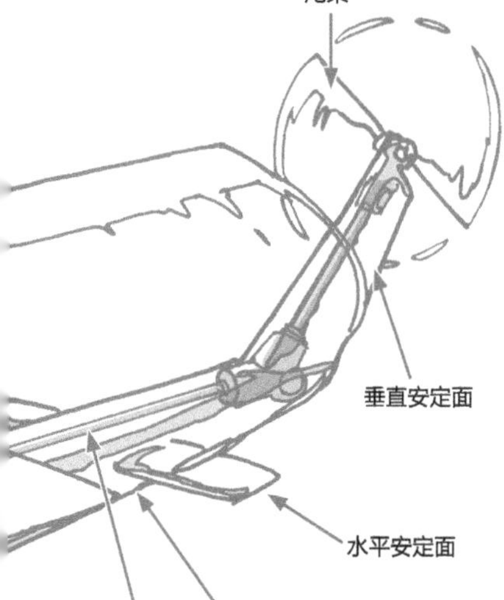

★ 尾桨的作用

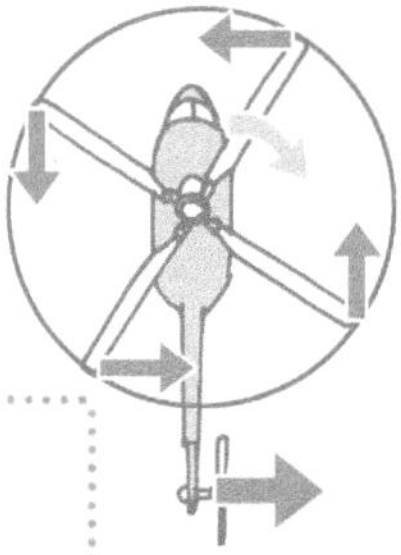

直升机的机翼开始旋转后，机身会受到与机翼旋转方向相反的力。有了尾桨的旋转，就能产生一个力和那个力相互抵消了。

顺便说一下，在难以着陆的地方进行救援等行动时，直升机可以在空中悬停。这时升力刚好和机身的重力完全相等。

另外，当机翼高速旋转时，因为反作用力，机身会向与机翼旋转方向相反的方向旋转。为了防止这种现象，在机身的尾部安装了叫作尾桨的小型机翼。

圆珠笔

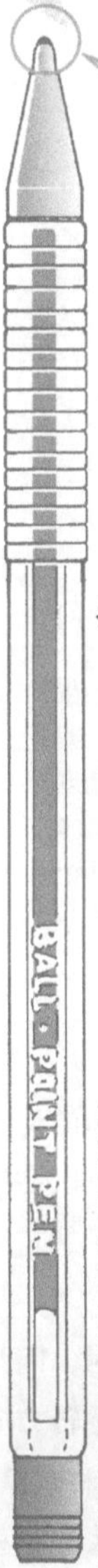

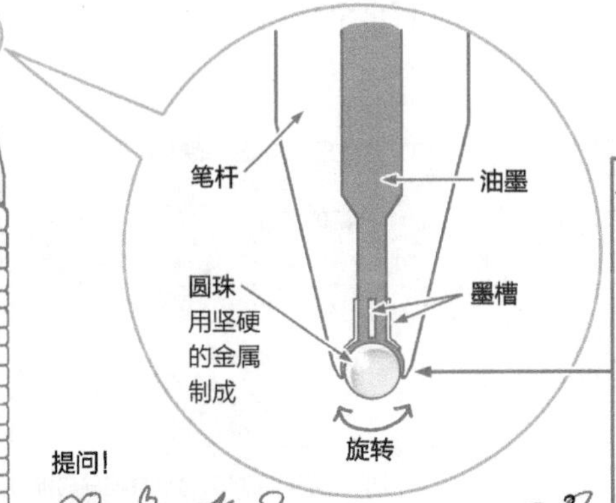

★ 圆珠部分

为了防止圆珠掉出来
这里是有弧度的哦！

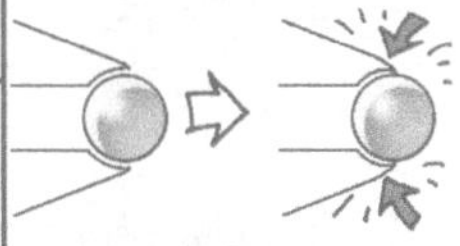

是将圆珠放进去后
再将笔尖夹紧

要画一条 10cm 的线条，圆珠笔的圆珠需要滚动多少圈？

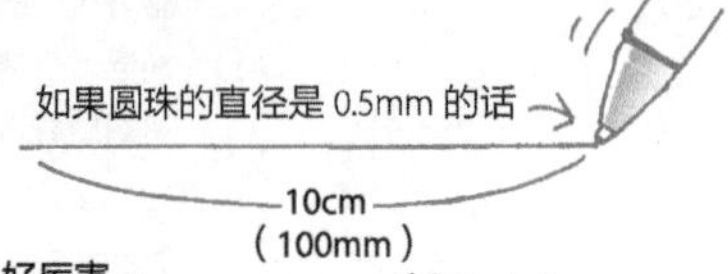

圆珠滚一圈所行进的长度是
0.5mm × 3.14=1.57mm
100mm ÷ 1.57mm ≈ 63

还有这样精心设计的圆珠笔！

防止逆流的第二颗圆珠

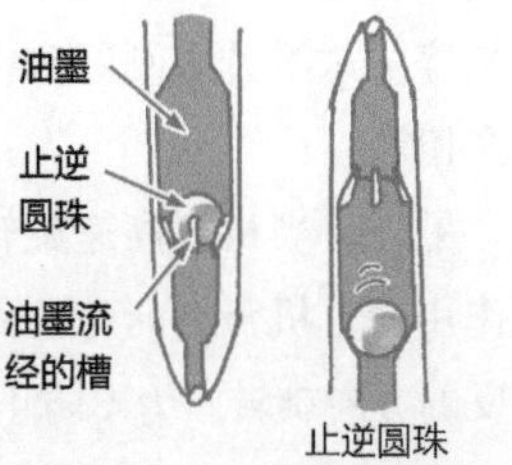

止逆圆珠
防止油墨逆流

即使笔尖朝上，甚至在外太空也能写字

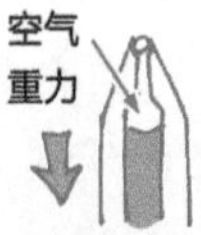

由于油墨是因重力才从笔尖流淌出来的，所以笔尖朝上或在没有重力的外太空应该是无法写字的。

但是

使用压缩空气一直压着油墨，就能在笔尖朝上或在外太空时写字了！

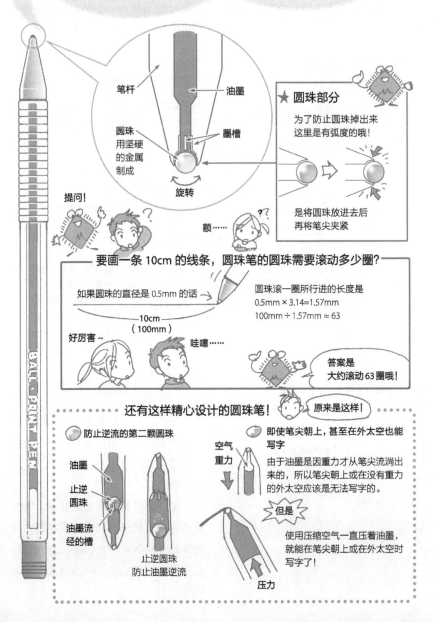

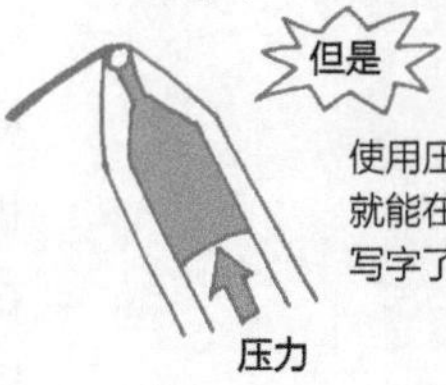

圆珠笔由圆珠、笔杆和装了油墨的笔芯组成。

用圆珠笔写字时，把笔尖用力压到纸上，尖端的圆珠会滚动。于是，内部的油墨就会从圆珠和笔尖的缝隙里流出来，墨迹便会留在纸上。

尖端圆珠的大小约为 0.5mm，在书写文字或画线条时，因为它得高速旋转，所以要采用陶瓷或金属钨等非常坚硬的材料来制作。

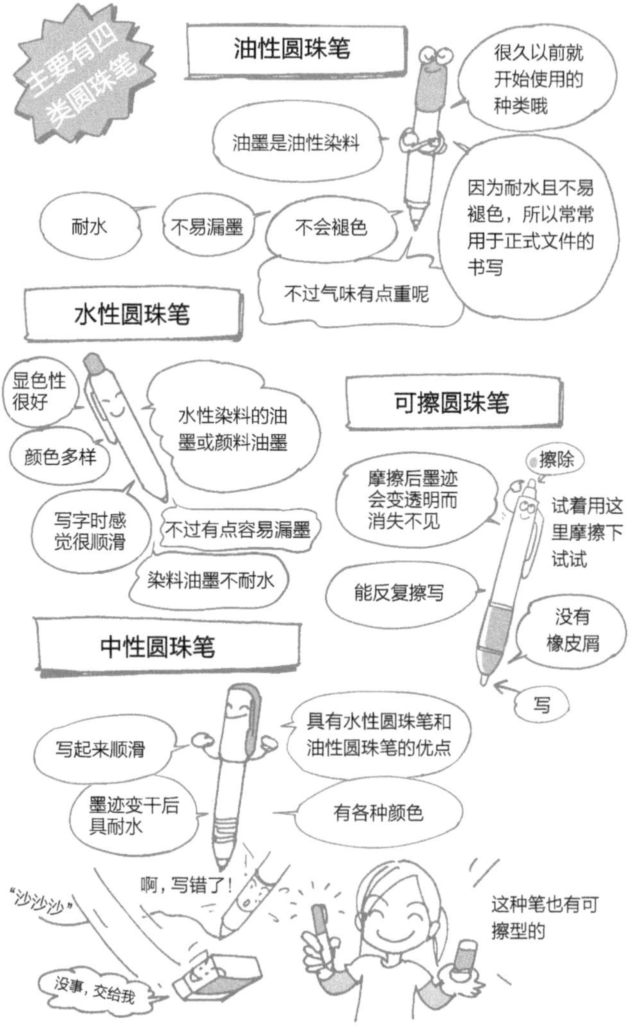

主要有四类圆珠笔
油性圆珠笔
很久以前就开始使用的种类哦
油墨是油性染料
因为耐水且不易褪色，所以常常用于正式文件的书写
耐水
不易漏墨
不会褪色
不过气味有点重呢
水性圆珠笔
显色性很好
颜色多样
水性染料的油墨或颜料油墨
写字时感觉很顺滑
不过有点容易漏墨
染料油墨不耐水
可擦圆珠笔
擦除
摩擦后墨迹会变透明而消失不见
试着用这里摩擦下试试
能反复擦写
没有橡皮屑
写
中性圆珠笔
写起来顺滑
具有水性圆珠笔和油性圆珠笔的优点
墨迹变干后具耐水
有各种颜色
啊，写错了！
“沙沙沙”
没事，交给我
这种笔也有可擦型的

另外，现在最常使用的中性笔的油墨属于一种颜料，因此具有耐水和耐光的特性。它本身虽然黏度很高，但在书写时黏度会下降，写起来非常顺畅。而且墨迹一旦留下后，又会恢复成原先像果冻一样的凝胶状态，并且黏度变高，因此能在纸上留下干净利落的线条。不过由于这种油墨具有水溶性，很容易流出来，所以它内部还装着一颗圆珠，是双圆珠构造。这样既能控制油墨流出的量，在内部的这颗圆珠上下移动时又能防止油墨逆流。

订书器

推动器
用内侧弹簧的
力推动订书钉
压柄
顶子
推钉弹簧
压钉槽
订书钉
订书钉
哇~~
好尖!
订书钉的横
截面形状是
A：B=3：5
3：5的
长方形哦!
接触平面时
很容易弯曲
弯曲
各国对订书器的叫法不一样呢
clitrich
stapler
Hochikisu
意大利
英国或美国
日本
多是像笔一样握
在手里的类型
多是台式的

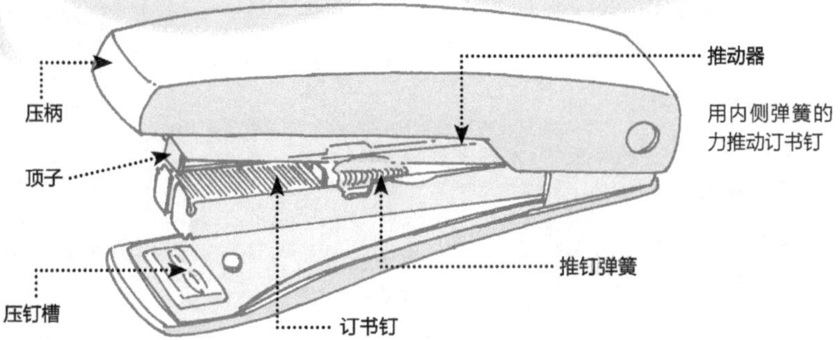

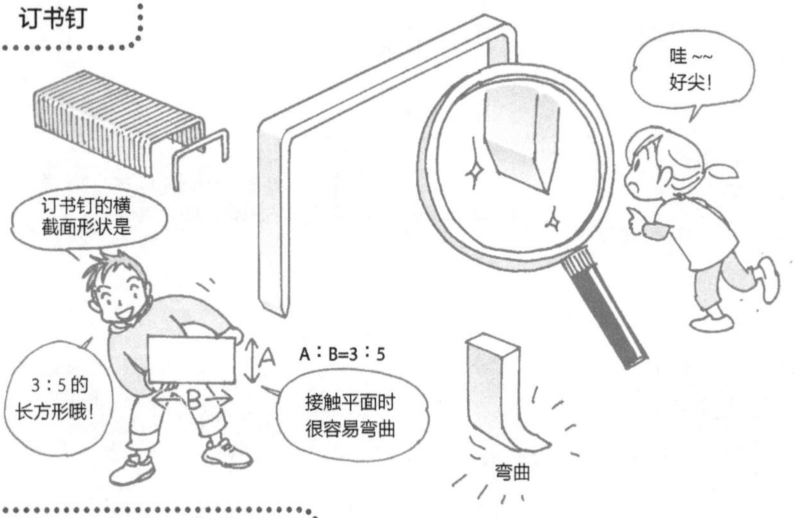

“咔嚓”一下瞬间订住纸张的订书器，使用起来非常方便。使用订书器时，需要预先在它里面装好订书钉。纸张被夹放在订书器的压柄与压钉槽之间，用力按下压柄，订书钉就会被推出来，纸张便被订到了一起。

在上方的压柄里有一块把订书钉顶出的叫作顶子的金属板。因为顶子的厚度就相当于一根订书钉的厚度，所以压下压柄后，只会顶出一根订书钉。被顶出来的订书钉穿透纸张后会碰到下方的压钉槽。

压钉槽呈弧线形下凹，当订书钉碰到这个位置时，钉尖会顺着弧线向内弯曲，把纸张订住。

为了使压钉槽这部分无论压弯多少次订书钉都不会损坏，会对它特别进行淬火处理，让其表面变得非常坚硬。

此外，如果仔细观察订书器的订书钉，你会发现它是平板形的。而且钉尖部分很尖锐，这些都是为了使用时只需用很小的力就能轻松订住纸张而精心设计的。

压钉槽的原理

使用压钉槽就能弯曲订书钉，把纸张订到一起哦！
力
订书钉穿透纸张
订书钉
压钉槽
纸张
订书钉的尖端沿着压钉槽弯曲
开始弯曲
订书钉合拢后的状态
完成

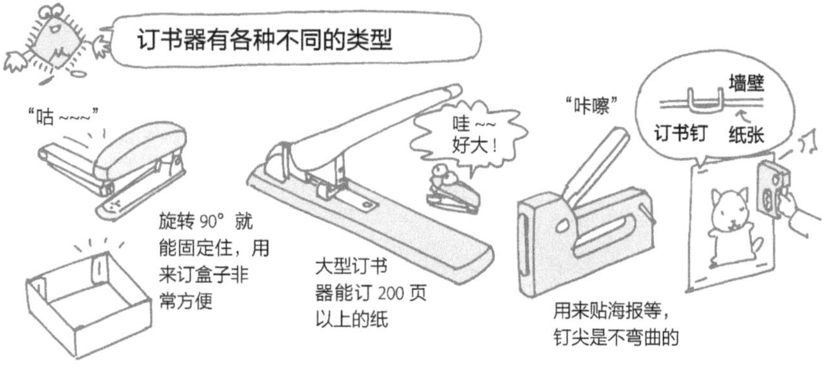
订书器有各种不同的类型
“咕~~~”
旋转90° 就能固定住，用来订盒子非常方便
哇~~好大！
大型订书器能订 200 页以上的纸
“咔嚓”
墙壁
订书钉
纸张
用来贴海报等，钉尖是不弯曲的

眼镜

★ 眼睛看东西的原理 ★

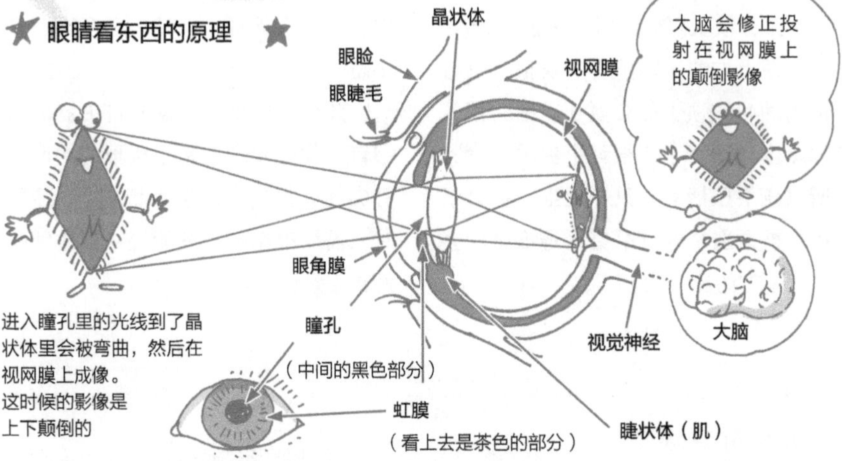

★ 看远处时……晶状体变薄

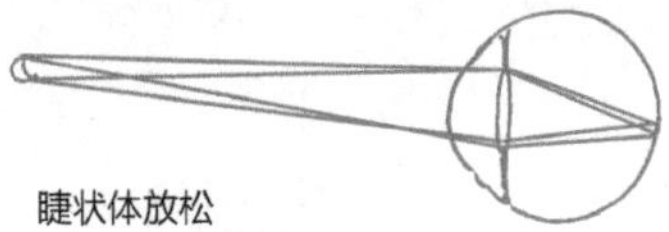

睫状体放松
晶状体就会变薄

★ 看近处时……晶状体变厚

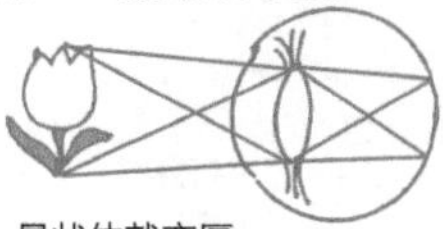

睫状体紧张，晶状体就变厚，
光线被弯曲，集中成像到视网膜上

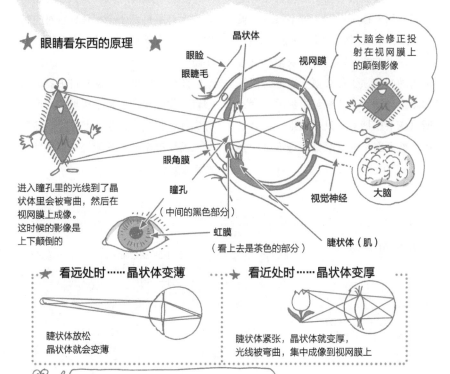

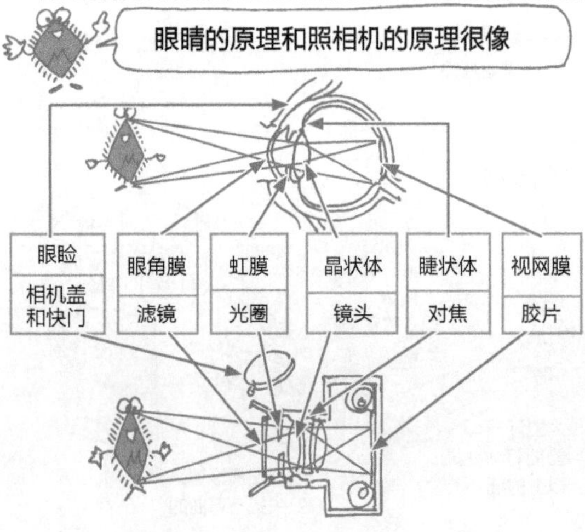

我们的眼睛像个球一样，它由眼角膜、晶状体、瞳孔和视网膜等组成。

光线从眼角膜进入眼睛后，虹膜和瞳孔会调节光线的量，晶状体为了对焦会时而变厚时而变薄。然后光的折射率会发生改变，把看到的东西投射到视网膜上

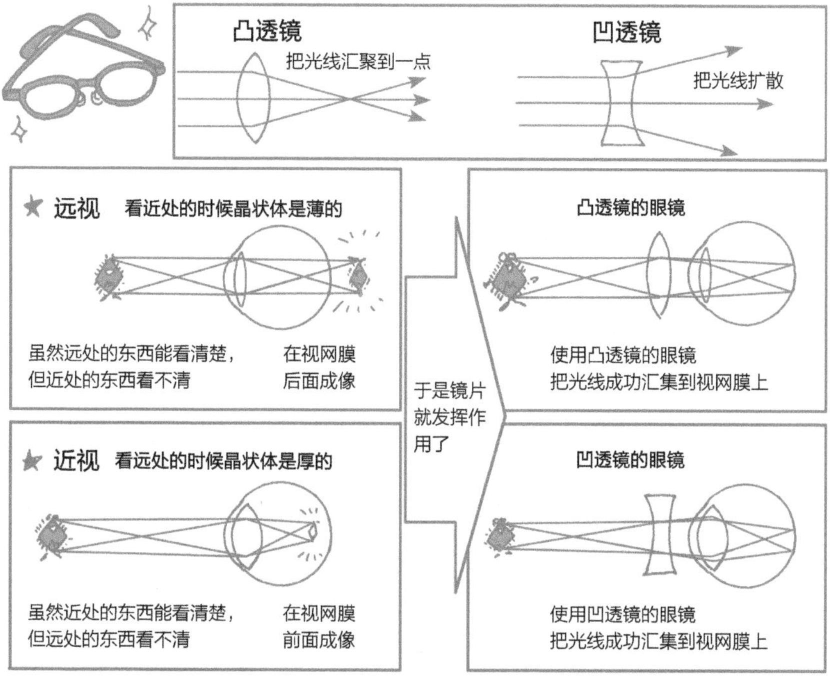
凸透镜
把光线汇聚到一点
凹透镜
把光线扩散
远视 看近处的时候晶状体是薄的
虽然远处的东西能看清楚，但近处的东西看不清
在视网膜后面成像
近视 看远处的时候晶状体是厚的
虽然近处的东西能看清楚，但远处的东西看不清
在视网膜前面成像
于是镜片就发挥作用了
凸透镜的眼镜
使用凸透镜的眼镜把光线成功汇集到视网膜上
凹透镜的眼镜
使用凹透镜的眼镜把光线成功汇集到视网膜上

隐形眼镜

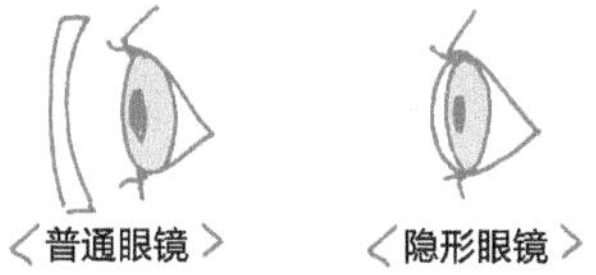
<普通眼镜>
<隐形眼镜>

隐形眼镜相当于是把普通眼镜的中心部分单独抽出来制成的产品。它有调节视力的功效哦！

隐形眼镜直接戴在眼睛的眼角膜（黑眼珠）上，由于眼镜和眼睛直接接触，所以镜片的大小和厚度是以眼角膜的大小作为标准来确定的。

适合我不?

成像。这时，一旦焦点刚好和视网膜重合，我们就能清楚地看见东西了。

眼睛的原理和照相机的原理很像，晶状体相当于照相机的镜头，而视网膜则起到了照相机里的胶片的作用。眼睛不好的人没有办法很好地对焦，所以看东西时焦点不是在视网膜前方就是在视网膜后方，用照相机的术语来说就是散焦了。

于是眼镜登场了。眼镜的镜片会在光线进入眼睛前调整光线的折射率。根据眼睛的具体情况，镜片的种类和厚度也不一样。比如近视眼镜采用凹透镜，远视眼镜或老花眼镜则采用凸透镜。

冰箱

液体蒸发时会吸收热量（汽化热），所以会觉得凉凉的。
冰箱正是利用汽化热的原理。
我来给你消毒咯。
热
热
酒精
好……
好凉……

即便在酷热的夏天，冰箱也能为我们冷藏食物。冰箱能够制冷是因为它很好地应用了液体和气体的特性。

液体具有蒸发时吸收热量的特性。打针前用酒精棉消毒时，会感到凉凉的，正是因为液体的酒精蒸发时把我们皮肤表面的热量带走了。

冰箱里有导管，能吸收热量的制冷剂在这些管道里不停循环，它时而变成气体时而变成液体调节着冰箱里的温度。

首先，在冰箱底部的压缩机会压缩制冷剂气体。受到压缩变热的制冷剂会被输送到延伸到冰箱外侧的细长导管——冷凝器里，在这里，制冷剂朝外部释放热量，变回液体。

然后，变成液体的制冷剂被输送到冰箱里的毛细管，在这里制冷剂会被减压，恢复到易于汽化的状态。

最后，这些制冷剂进入到蒸发器，液体变成气体（汽化），同时吸收周围空气里的热量使温度下降。

把被制冷剂冷却了的空气用风扇吹到冰箱里的各个部位，冰箱里就能一直保持低温了。

之后，冷却了周围空气后的制冷剂被再次送回压缩机。制冷剂就是这样反复进行着液体和气体之间的变化的。

冷藏室
3~5℃
冷却室
约 0℃
果蔬室
5~7℃
冷冻室
-18~-20℃

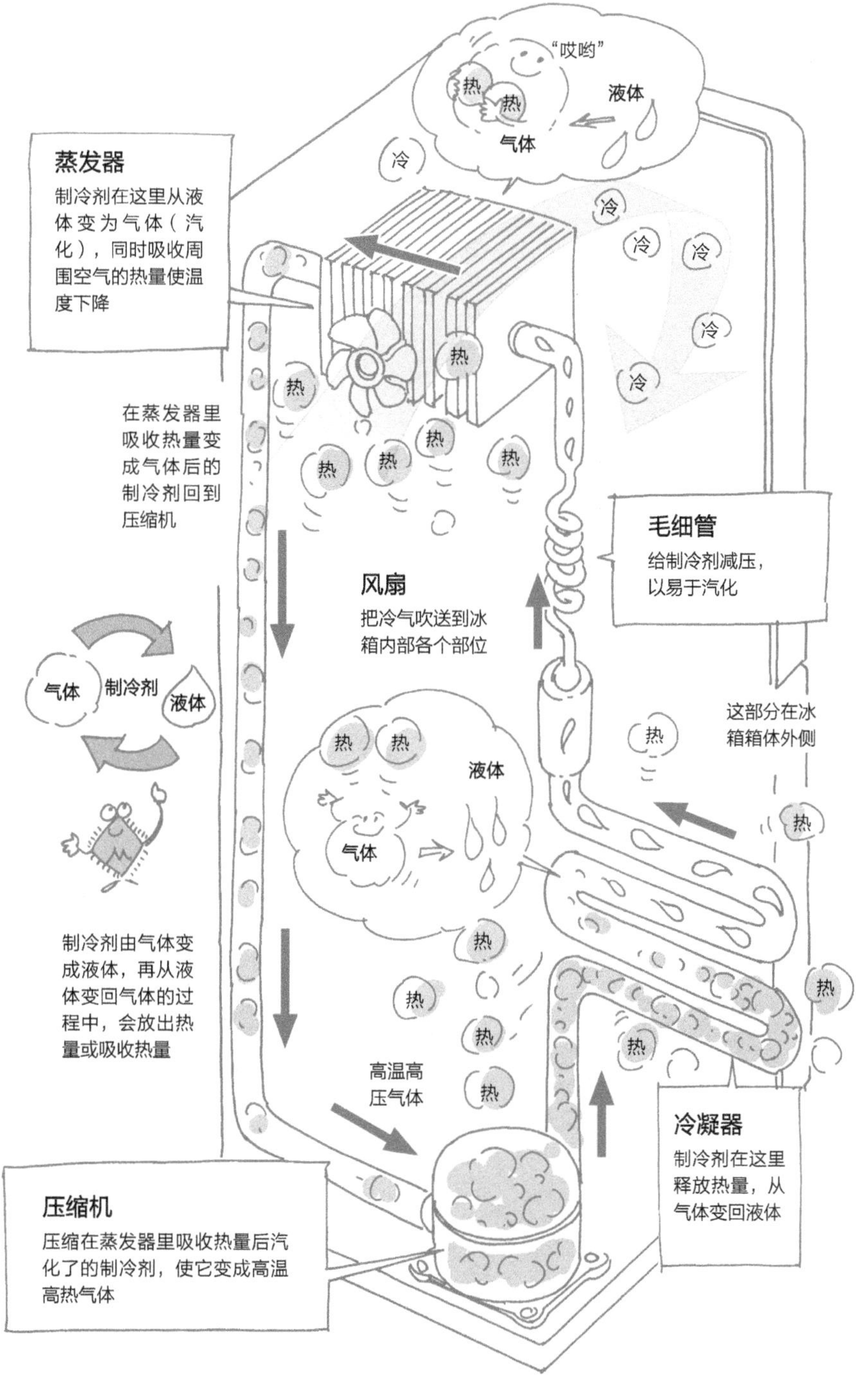
“哎哟”
热
热
液体
气体
冷
蒸发器
制冷剂在这里从液体变为气体（汽化），同时吸收周围空气的热量使温度下降
在蒸发器里吸收热量变成气体后的制冷剂回到压缩机
毛细管
给制冷剂减压，以易于汽化
风扇
把冷气吹送到冰箱内部各个部位
气体
制冷剂
液体
这部分在冰箱箱体外侧
液体
气体
制冷剂由气体变成液体，再从液体变回气体的过程中，会放出热量或吸收热量
高温高压气体
冷凝器
制冷剂在这里释放热量，从气体变回液体
压缩机
压缩在蒸发器里吸收热量后汽化了的制冷剂，使它变成高温高热气体

冷冻食品

肉丸、饺子、日式抓饭等各种冷冻食品处理简单又好吃。

冷冻食品最大的特点是采用了冷冻技术。冷冻食品不是仅仅像平时那样让食物冻住就好了，而是放在 –30℃的环境里使它们急速冷冻。

急速冷冻了的食品由于冰结晶颗粒小，食物里的细胞几乎没有被破坏，所以营养成分和味道不会改变。而慢慢冷冻的话，冰结晶会变大，食物里的细胞组织会被破坏，解冻后里面的营养成分和味道也就流失了，无法保持冷冻前的品质。

对于冷冻食品来说，贮藏温度也很重要。在 –18℃的条件下贮藏，生产时的品质能被保持大约一年。

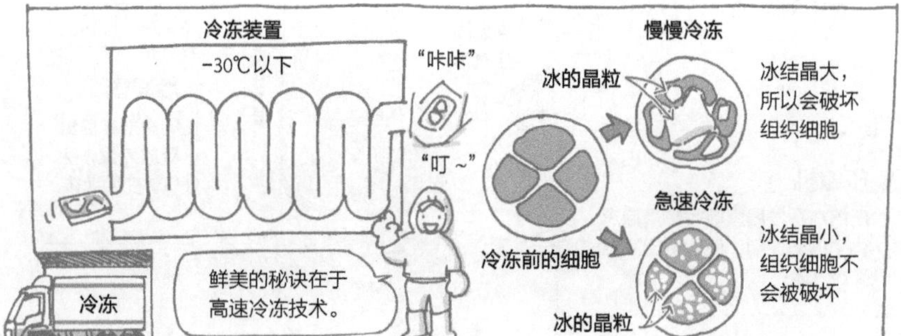

另外，冷冻食品都是熟食或预先处理过的。比如炸鱼类的冷冻食品会事先洗干净并把不能吃的内脏和骨头等取出，切成合适的大小后再裹上面包粉等放油里炸一下。而像什锦拉面或日式抓饭等只需稍稍加热就能立刻食用。

冷冻食品严密的外包装能让食品在食用前保持干燥以及防止细菌等进入，从而保证食物的品质。而且在包装上还印有食品认证、保质期、烹饪方法等信息。

世界上第一份冷冻食品出现在20世纪初，是一份用于制作果酱的冷冻草莓。时至今日，冷冻食品的种类越来越多，冷冻技术也在不断进步。

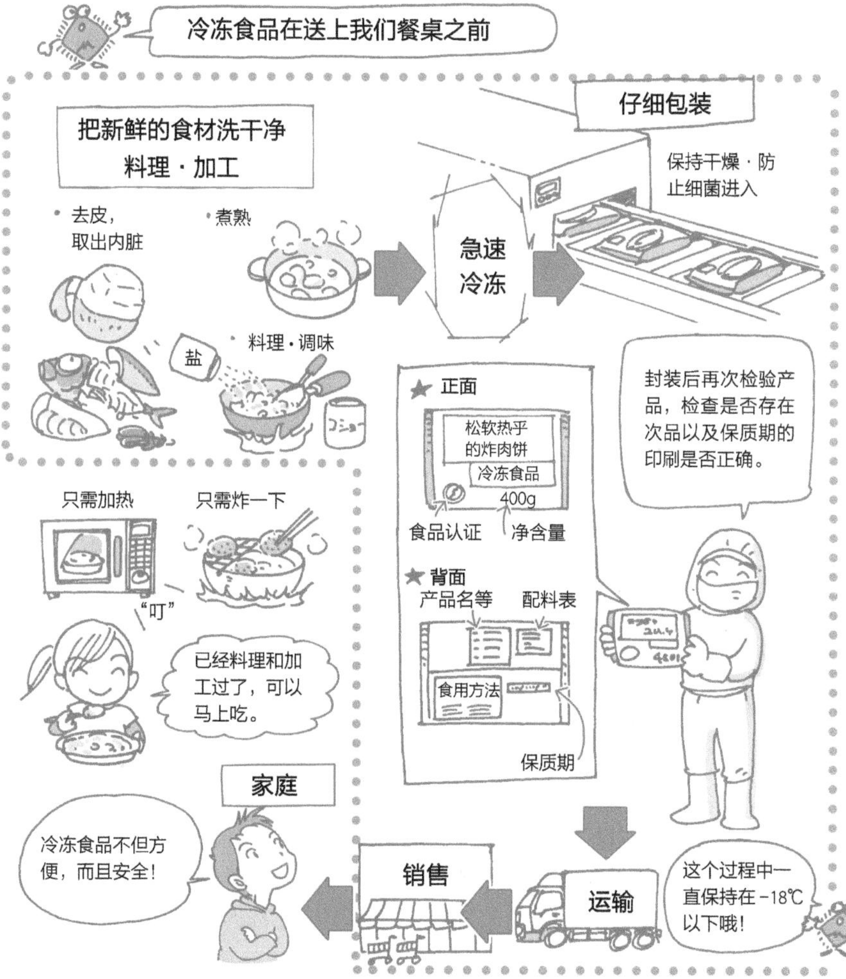

冷冻食品在送上我们餐桌之前
把新鲜的食材洗干净
料理・加工
・去皮，
取出内脏
・煮熟
・料理・调味
盐
急速
冷冻
仔细包装
保持干燥・防
止细菌进入
★ 正面
松软热乎
的炸肉饼
冷冻食品
400g
食品认证
净含量
★ 背面
产品名等
配料表
食用方法
保质期
封装后再次检验产品，检查是否存在次品以及保质期的印刷是否正确。
只需加热
只需炸一下
“叮”
已经料理和加工过了，可以马上吃。
家庭
冷冻食品不但方便，而且安全！
销售
运输
这个过程中一直保持在 -18℃以下哦！

X 射线

X 射线机的原理

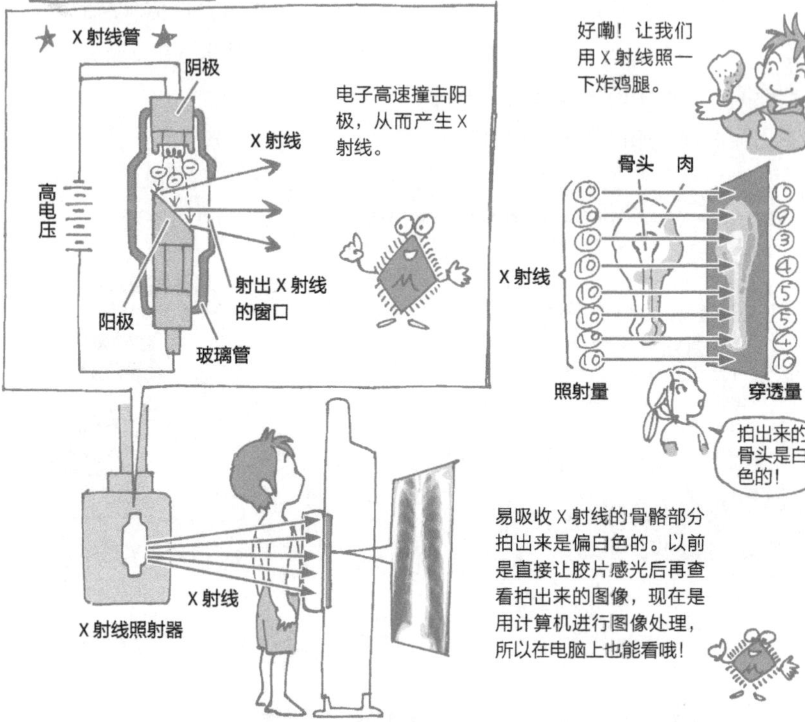

X 射线管
阴极
高电压
X 射线
电子高速撞击阳极，从而产生 X 射线。
射出 X 射线的窗口
阳极
玻璃管
好嘞！让我们用 X 射线照一下炸鸡腿。
骨头
肉
X 射线
照射量
穿透量
拍出来的骨头是白色的！
X 射线
X 射线照射器
易吸收 X 射线的骨骼部分拍出来是偏白色的。以前是直接让胶片感光后再查看拍出来的图像，现在是用计算机进行图像处理，所以在电脑上也能看哦！

一般我们说 X 射线是指使用 X 射线机做身体检查。X 射线是一种人造放射线，它拥有能够穿透物质的强大能量。X 射线检查就是应用了这个性质。

当 X 射线照到身体上时，X 射线会穿透内脏或骨骼。然后穿透身体的 X 射线量的变化会使胶片感光，于是就能得到 X 射线照片了。

X 射线具有难以被轻元素（原子序数小的元素）吸收，而容易被重元素（原子序数大的元素）吸收的性质，因此各个脏器的吸收率会有差别，从而在照片上显示出黑或白的深浅变化。

X 射线检查技术基本上和普通拍照一样。不同的是 X 射线代替了普通光线并且 X 射线的镜头无法对焦。所以将立体的身体内部结构拍成平面的照片，总会有一部分影像不会很清晰。此外，由于身体里的脏器有些是相互重叠的，尽管有黑白深浅的差异，但要完全看懂X射线照片是很有难度的。

于是人们开发出了基于X射线的电子计算机断层扫描（CT）技术。CT技术虽然在使用X射线这一点上和X射线检查一样，但它拍摄出的影像不像X射线照片那样是平面的，而是能够显示身体横断面的影像。因此，凭借CT技术，细微部位的异常漏查情况越来越少。如今CT机已经成为医疗领域必不可少的设备之一。

CT机的原理

360° 全方位都用X射线照射，再通过计算机计算出X射线的穿透比例，接着处理成断层画面（切片）图像后显示出来。

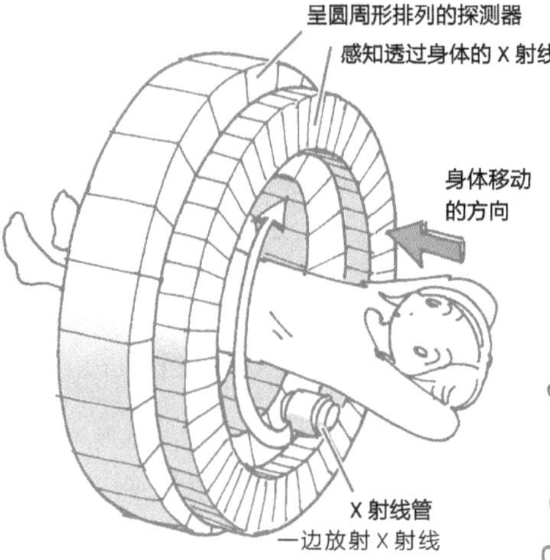

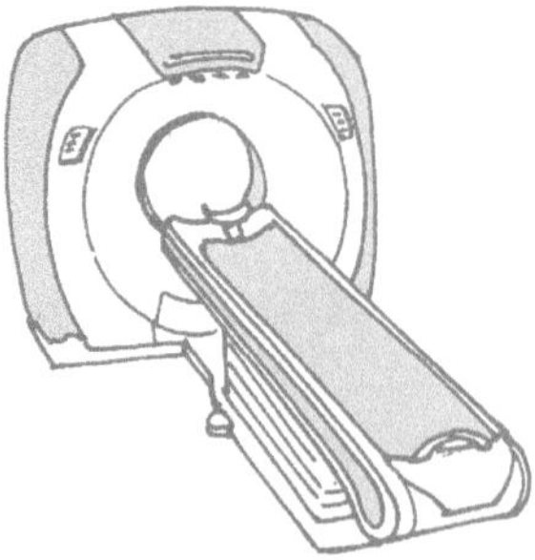

因为身体是躺在平台上移动的，所以X射线管是以螺旋的轨迹在身体周围旋转的。

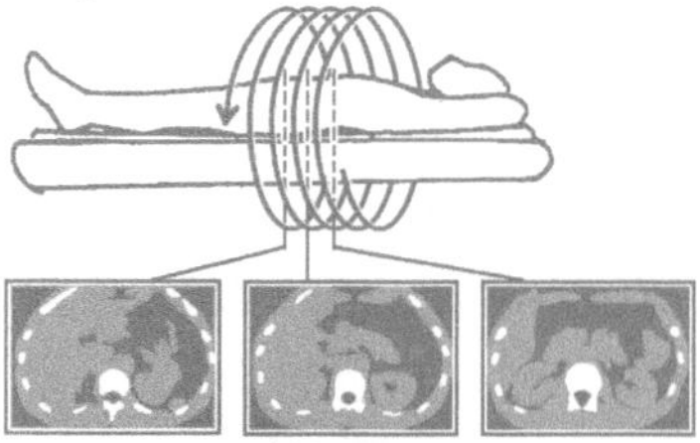

★虽然一提起X射线检查就会让人马上想到医院，但其实很多地方都使用X射线。

和CT机相比，它的人体通道更长

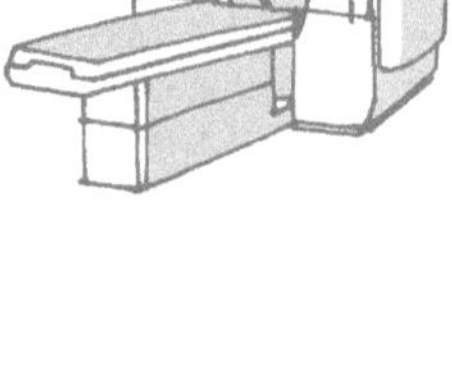

★还有一种设备，叫作核磁共振成像仪（MRI设备），不是利用X射线，而是利用磁力线来检查身体内部的情况。

在机场使用X射线来检查行李里是否有危险物品。

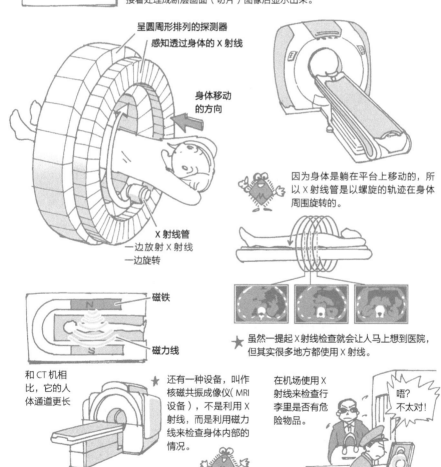

火箭

第二级发动机：第一级发动机分离后使用的发动机

火箭的飞行原理与气球的飞行原理相同

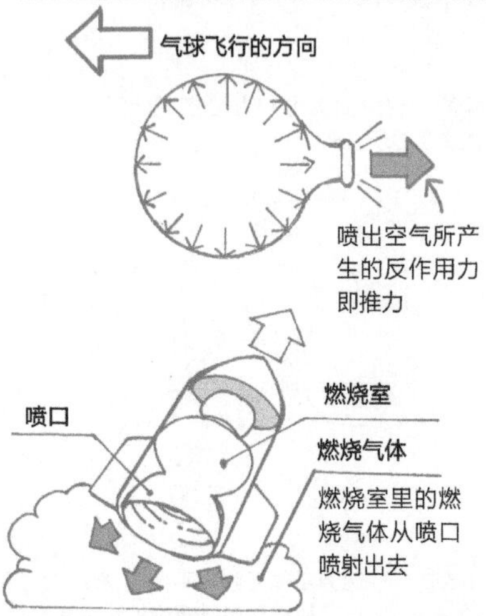

火箭的飞行原理与气球利用喷出空气的反作用力飞行的原理相同。火箭凭借从后方喷射内部燃烧的气体实现飞行。这种推动火箭起飞的力称为推力。

不过要使燃料燃烧不能没有氧气，可宇宙中不存在空气，因此会给火箭装载能产生氧气的氧化剂或者使用事先混合了燃料和氧化剂的固体燃料。虽然火箭体积很大，但它内部几乎被燃料和氧化剂占满了。此外，火箭的燃料和氧化剂合称为推进剂，使用固体推进剂的火箭叫作固体火箭，使用液体推进剂的火箭就叫作液体火箭。

现在的火箭基本上都是液体火箭。液体火箭一般会把液体燃料和氧化剂分别装进不同的燃料箱里，各自通过不同的管道输送到燃烧室之后再点火。

说起来发射火箭的主要目的之一是把人造卫星送上地球轨道。所以沉重的火箭要战胜地球引力飞向太空，速度是十分重要的。它的速度能达到每秒约 7.9km（时速 28440km），大概是声速（每秒约 340m）的 23 倍。要想摆脱地球引力飞向月球或者其他行星，需要达到每秒约 11.2km（时速 40320km）的速度。为了更有效地提升火箭的飞行速度，它被设计成分段式，也就是说火箭在飞行过程中会和燃料用尽的燃料箱以及不再需要的部分分离，以使重量越来越轻。

固体火箭给第一级液体火箭助力。喷射燃烧固体燃料产生的气体产生发射所需的推力

分段式液体火箭

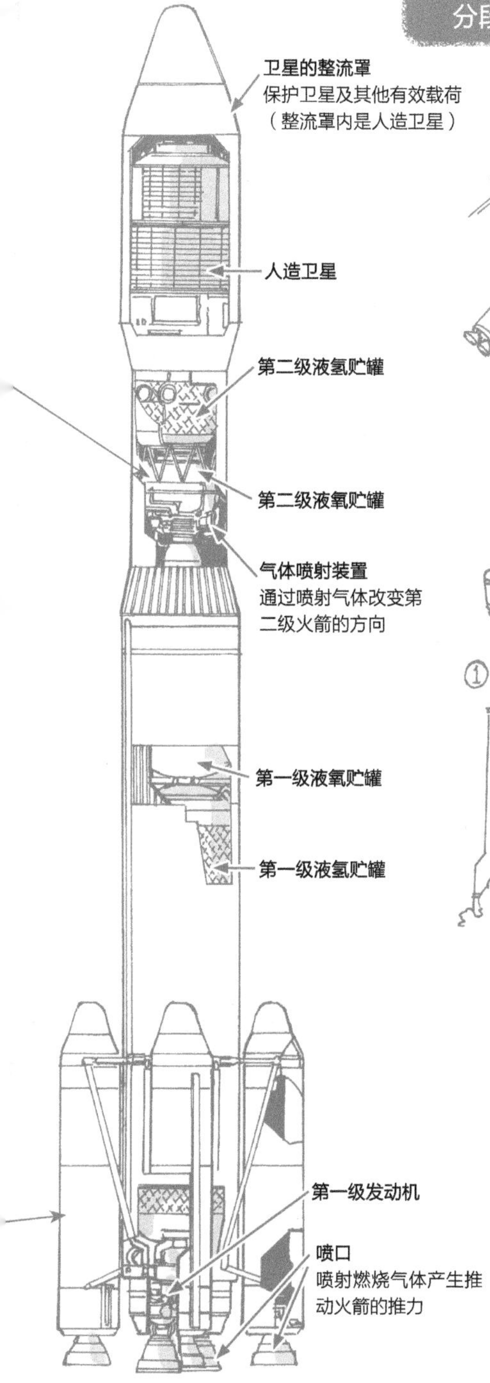
卫星的整流罩
保护卫星及其他有效载荷
（整流罩内是人造卫星）
人造卫星
第二级液氢贮罐
第二级液氧贮罐
气体喷射装置
通过喷射气体改变第
二级火箭的方向
第一级液氧贮罐
第一级液氢贮罐
第一级发动机
喷口
喷射燃烧气体产生推
动火箭的推力

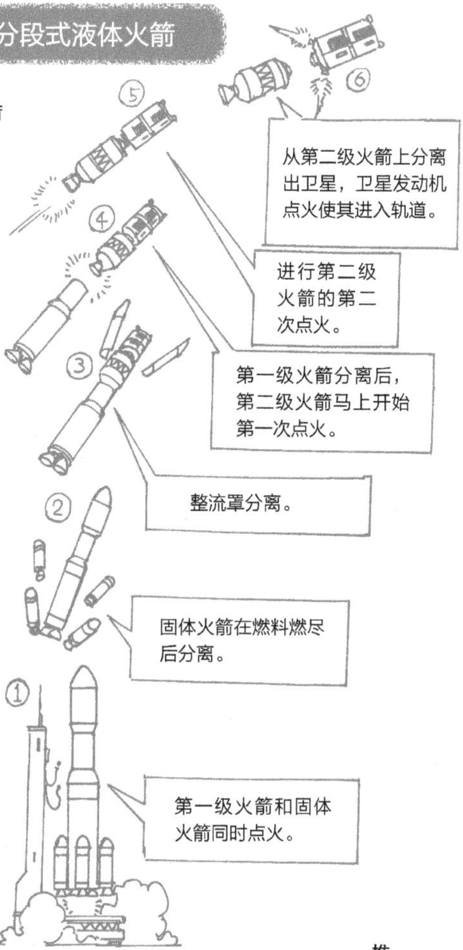
①
第一级火箭和固体
火箭同时点火。
②
固体火箭在燃料燃尽
后分离。
③
整流罩分离。
第一级火箭分离后，
第二级火箭马上开始
第一次点火。
④
进行第二级
火箭的第二
次点火。
⑤
⑥
从第二级火箭上分离
出卫星，卫星发动机
点火使其进入轨道。

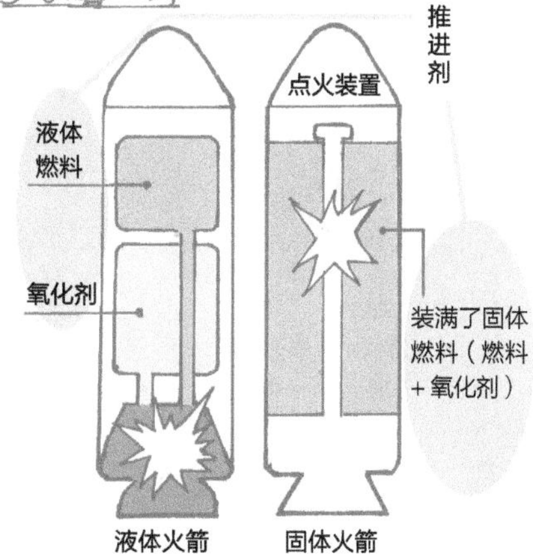
液体
燃料
氧化剂
液体火箭
推
进
剂
点火装置
装满了固体
燃料（燃料
+氧化剂）
固体火箭

Wi-Fi

所谓 Wi-Fi，就是不需要缆线，无线就能让计算机、电视机、智能手机和游戏机等连接到互联网的技术。

其实 Wi-Fi 本来是指美国某个为了推广使用无线进行数据传输的组织“Wi-Fi Alliance（Wi-Fi 联盟）”所认可的一种设备，但如今已经把整个无线网络通信技术叫作 Wi-Fi 了。

要使用 Wi-Fi，必须要有一台叫作路由器的设备。路由器以它本身为中心发送球形电波，不使用缆线就能让计算机或智能手机等设备连接互联网进行数据传输。传输的数据会被分割成叫作数据包的小包裹来收发，数据的量越大，分割出来的小包裹就越多。

有了 Wi-Fi，就能实现使用打印机直接打印出保存在智能手机或平板

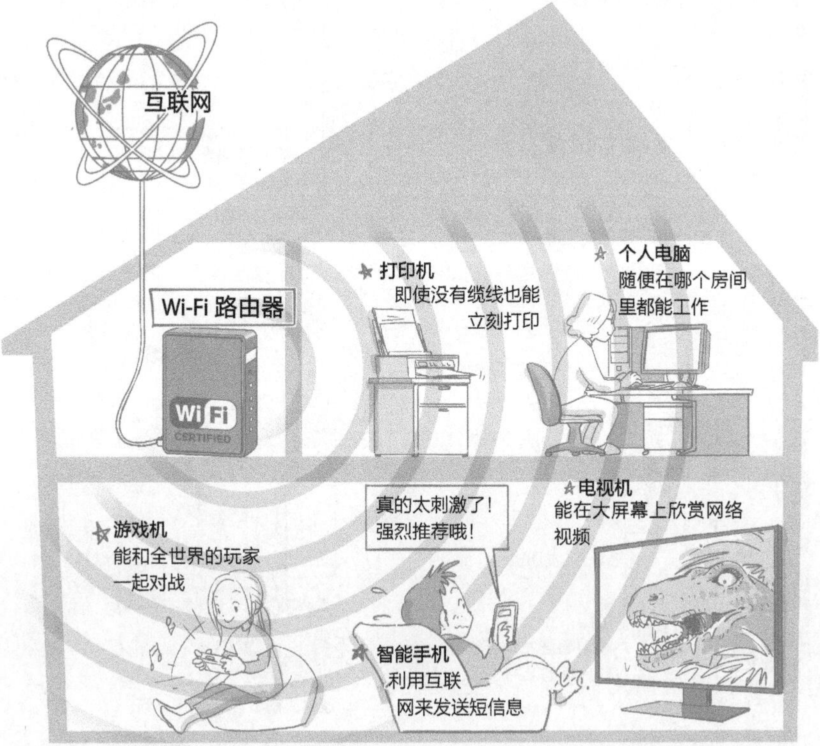
互联网
Wi-Fi 路由器
Wi Fi
CERTIFIED
打印机
即使没有缆线也能
立刻打印
个人电脑
随便在哪个房间
里都能工作
电视机
能在大屏幕上欣赏网络
视频
真的太刺激了！
强烈推荐哦！
游戏机
能和全世界的玩家
一起对战
智能手机
利用互联
网来发送短信息

电脑里的照片，或通过相应的软件，用智能手机控制家里的电器等。

在有互联网的地方使用 Wi-Fi，只要有信号，就能连上互联网，还能在电视上欣赏网络视频，玩游戏的话还可以和世界各地的高手们同台竞技。如今很多咖啡馆或便利店都会免费提供能够上网的 Wi-Fi。

尽管 Wi-Fi 很方便，但因为在有信号的范围内任何人都可以连接上网，所以做好网络安全设置非常重要。

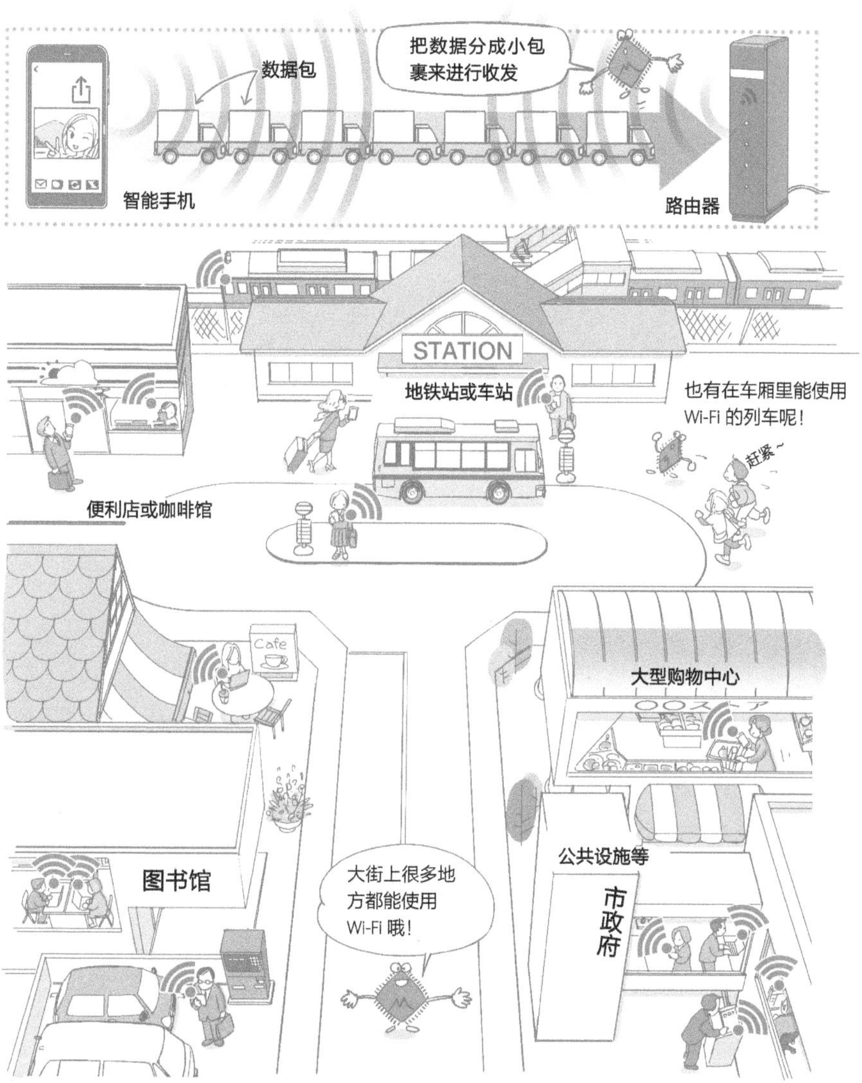